DAS EIS SCHMILZT

ARVED FUCHS

KLIMASCHUTZ UND WIRTSCHAFT NEU DENKEN

DELIUS KLASING VERLAG

LEBENSRAUM: unsere Welt
von außen. Ich beneide die
Astronauten um diesen Anblick.
Er macht die Begrenztheit unseres
Blauen Planeten deutlich.

LEBENSWANDEL: Nach dem langen, dunklen polaren Winter steigt die Sonne erstmals für wenige Minuten wieder über das froststarrende Küstengebirge Grönlands.

LEBENSWEG: Hochsommer in der Arktis. In einem ostgrönländischen Fjord treiben unzählige Eisberge Richtung Küste, um sich dort in die Prozession der nach Süden treibenden Eisfelder einzureihen.

INHALT

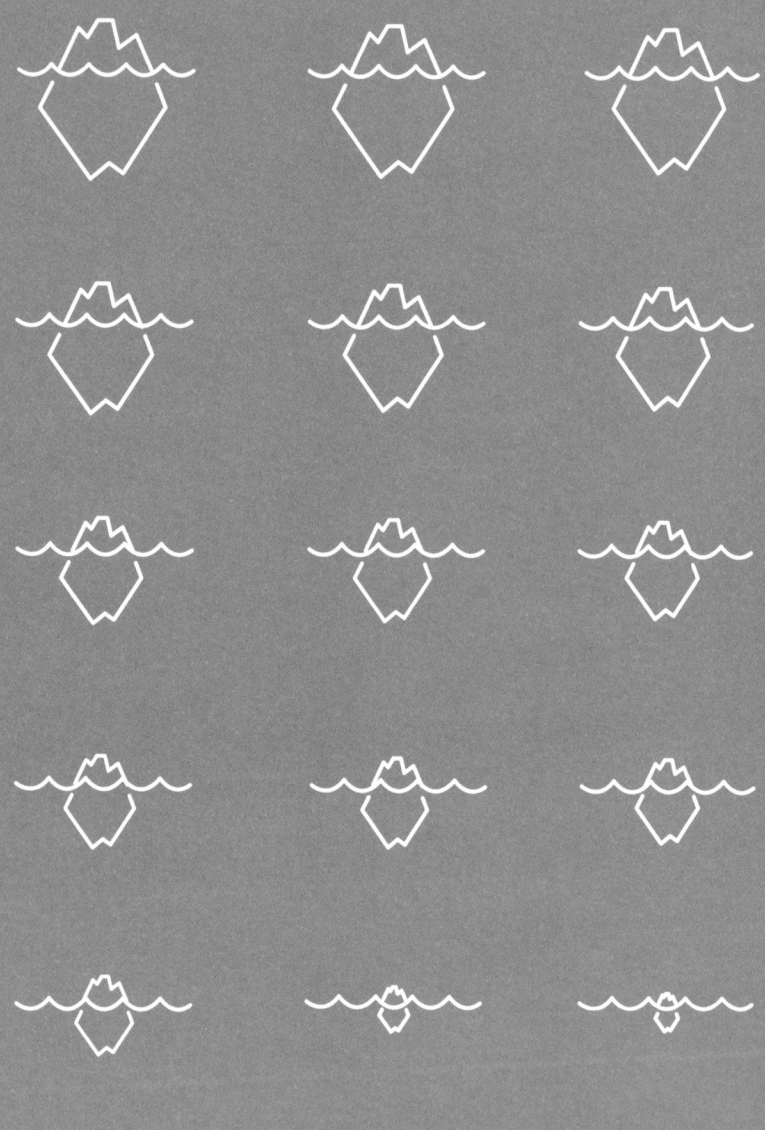

01

CHRONIST WIDER WILLEN

Es gibt nicht die »gute Mutter Natur«; so wenig wie es die »böse Natur« gibt. Es gibt nur »die Natur« – unser aller Lebensgrundlage. Und wir sind Teil davon

Schnee und Eis wurden mir im Verlauf der Jahrzehnte genauso vertraut wie
der Umgang mit den heimischen Wäldern und Wiesen. Die Polarregionen sind
für mich zur zweiten Heimat geworden.

Reisen bildet!

Wobei es darauf ankommt, wie man reist und was man darunter versteht. Bildung setzt voraus, dass der Betreffende sie zulässt und dafür empfänglich ist. Meine Reisen als Jugendlicher waren meist mit einem Bildungsauftrag versehen, etwa als jugendlicher Austauschschüler in einer französischen Familie. Es ging darum, Fremdsprachen zu lernen und – wie mein Vater es formulierte – über den eigenen Tellerrand hinwegzublicken.

Ich bin mein Leben lang gereist. Stets getrieben von Neugier auf andere Länder, Kulturen, das Naturerlebnis und das, was man schlicht »das Abenteuer« nennt. Es war diese Unbekümmertheit, die ich so liebte. Meine Eltern hatten mir einen Leitsatz mit auf den Weg gegeben: »Was immer du tust, du musst es richtig machen.« Das war die moralische Leitplanke. Etwas »richtig machen« impliziert Verantwortung – gegenüber der eigenen Leibhaftigkeit wie auch dem Umfeld, in dem man unterwegs ist, und natürlich gegenüber den Menschen, denen man begegnet. Ich unternahm weiterhin waghalsige Expeditionen, fühlte mich aber immer der Maxime »richtig machen« verpflichtet.

Für mich wurde das Leben in der Natur zu einer sehr realen Lebenswelt. Ich lernte, mich in Eis und Schnee oder auf den Ozeanen mit der gleichen Selbstverständlichkeit zu bewegen wie über den Jungfernstieg in Hamburg. Die Zeit, die ich mit den Inuit verbrachte, war für mich eine

Lebensschule, die ich erst Jahre später so richtig wertzuschätzen wusste. Die Inuit hatten mir den Umgang mit der harschen und vermeintlich lebensfeindlichen Umgebung vermittelt. Sie lehrten mich neben vielen praktischen Dingen, dünnes Eis von dickerem, tragfähigem zu unterscheiden. Ich lernte den Einfluss der jahreszeitlichen Veränderungen auf die Ausdehnung und Stabilität des Packeises zu erkennen, die Schneebeschaffenheit zu beurteilen, intuitiv einen sich nähernden arktischen Sturm zu erfassen und meinen inneren Frieden mit der Kälte zu machen. Die kanadischen Inuit waren meine eigentlichen Lehrmeister. Vor diesem Hintergrund müssen meine späteren Expeditionen gesehen werden. Allein durch die Inuit wurde ich zu einem guten Beobachter. Das ist wichtig. Denn wer wie ich mit ähnlich archaischen Mitteln wie die frühen Polarforscher und Entdecker unterwegs war, musste die Natur lesen können. Wenn ich die Eisstärke falsch einschätze, breche ich durch und erfriere. Wenn ich die Zeichen eines sich nähernden Sturms nicht rechtzeitig erkenne und keinen Schutz suche, erfriere ich ebenfalls – oder ertrinke, wenn ich auf dem Wasser bin. So einfach ist es. Die Natur gibt die Spielregeln vor, und es ist an uns, sie zu berücksichtigen. Die Natur kann ohne uns existieren, wir aber nicht ohne sie. Obwohl – das ist ein rein menschliches Denkschema. Es gibt nicht »die Natur« hier und »den Menschen« dort – wir sind alle Teil des Ganzen. Die Natur mag sich verändern, sei es durch natürliche Prozesse oder durch unser Dazutun. Der Natur ist es gleich, fragt sich nur, inwieweit wir mit den Veränderungen klarkommen. Ich glaube, ein großer Teil der heutigen Umweltprobleme beruht darauf, dass wir uns einbilden, wir wären der Lenker aller Naturprozesse. Es stimmt: Wir können eingreifen und verändern. Aber können wir unser Handeln auch perspektivisch überblicken? Können wir Fehler, die bereits geschehen sind, korrigieren? Politiker denken in Legislaturperioden und Anleger und Unternehmen in Shareholder-Value. Der Dieselskandal macht deutlich, dass Betrugs- und Vernebelungstaktiken offenbar als legitimes Mittel angesehen werden, um Profit zu machen. Das mag den Einzelnen ärgern und im Anschluss Sammelklagen regnen. Aber was ist mit der Natur – die eigentlich Leidtragende solcher

Maßnahmen? Im Ergebnis und der Summe aller Eingriffe reagiert sie mit Veränderung.

Mein erster Kontakt mit der Arktis fiel in das Jahr 1979. Seitdem bin ich regelmäßig – eigentlich jedes Jahr über Wochen und Monate hinweg – in der polaren Landschaft unterwegs. Meine von den Inuit erlernten Kenntnisse habe ich ausgebaut und vertieft. Und ich habe eine tiefe Zuneigung zu den vermeintlich unberührten Naturlandschaften gewonnen. Aus diesem Grund habe ich mich schon sehr früh für alle Umweltthemen interessiert. Ob es das Verklappen von Dünnsäure in den 80er-Jahren auf der Nordsee betraf, die Rodung des Regenwalds von Borneo oder die PCB-Ablagerung in der Nahrungskette. Ich habe immer eine Meinung dazu gehabt und diese auch geäußert. Was immer man tut: Man ist immer ein politisch handelnder Mensch. Verharrt man im Schweigen, entscheiden andere für einen. Ich bin ein eher aktiv handelnder Mensch, deshalb mische ich mich in die Diskussionen ein. Auch wenn es durchaus unbequeme und kontrovers diskutierte Inhalte betrifft.

So auch beim Thema Klimawandel. Im Jahr 1989 war ich eingeladen, an der internationalen Icewalk-Nordpolexpedition des Briten Robert Swan teilzunehmen. Swan hatte ein achtköpfiges internationales Team zusammengestellt – ich war als einziger Deutscher dazu eingeladen worden. Eine Nordpolexpedition ist wahrscheinlich die schwierigste Aufgabe, der man sich im arktischen Raum stellen kann. Aggressive Temperaturen, die unter minus 50 °C liegen, driftende Packeisfelder, offenes Wasser, alles in allem ein extrem schwieriges und gefährliches Terrain. Die rund

— **AM ANFANG STAND DAS ABENTEUER. ALS ICH IM JAHR 1979 ALS JUNGER MANN ZUM ERSTEN MAL NACH GRÖNLAND FUHR, SPÜRTE ICH TROTZ DES HARSCHEN KLIMAS EIN GEFÜHL VON RUHE UND GEBORGENHEIT**

1.000 Kilometer zu Fuß mit Rucksack und Schlitten im Schlepp zu bewältigen wäre schon Aufgabe genug gewesen. Jeder von uns – trotz aller Erfahrung und Fitness – agierte ständig am Limit dessen, was er physisch und psychisch in der Lage zu leisten war. Der damalige Generalsekretär der Vereinten Nationen, Pérez de Cuéllar, hatte persönlich die Schirmherrschaft übernommen und uns, das Polarteam, an den Hudson ins Hochhaus der UN nach New York eingeladen. Er tat dies, weil es bei der Expedition um mehr als um ein Abenteuer ging. Wir arbeiteten mit kanadischen Wissenschaftlern zusammen, die Untersuchungen bezüglich des Ozonlochs in der Stratosphäre anstellten und sich mit dem »Arctic haze« – einer Art Smog – auseinandersetzten. Bereits damals ging es um das Thema Klimaerwärmung. Auf dem Weg zum Pol nahmen wir Messungen vor, sammelten Schneeproben, starteten Messsonden und dokumentierten das Erlebte und die Ergebnisse. Einige Teammitglieder waren wissenschaftlich geschult und hatten sich auf diese Aufgabenstellung entsprechend vorbereitet.

Ein von Menschen verursachter Klimawandel? Ich konnte mir das damals beim besten Willen nicht vorstellen. Wer sind wir Menschen, dass wir meinen, das Klima verändern zu können? Heute wissen wir, dass wir es nicht nur können – wir haben es bereits getan.

In den 90er-Jahren waren wir mit meinem Segelschiff, der DAGMAR AAEN, auf den polaren Routen unterwegs. Nur meine Erfahrung mit dem Eis ermöglichte es dem Team und mir, Routen zu befahren, die ansonsten bestenfalls den stärksten Eisbrechern vorbehalten waren. Die legendäre Nordwestpassage durchfuhren wir 1993. Wir waren die Einzigen in jenem Jahr und insgesamt erst das dritte Schiff überhaupt, dem die Passage in nur einer Saison ohne Eisbrecherunterstützung gelang. Das Pendant zu der Nordwestpassage ist die in Sibirien liegende Nordostpassage. Bei dem Versuch, sie zu durchfahren, bissen wir uns förmlich die Zähne aus. 1991/1992 und 1994 versuchten wir die Passage zu bewältigen – und blieben immer wieder im Packeis stecken. Ich war frustriert und hatte keine Lust, einen weiteren Versuch zu starten. Im Jahr 2002 wurde ich von einigen Crewmitgliedern überredet, es doch noch einmal zu versuchen. Und siehe da – wir kamen problemlos innerhalb weniger Wochen durch die gesamte Passage. Dort, wo uns in den Jahren zuvor meterdicke Eispressungen den Weg versperrt hatten, lag offenes Wasser vor uns. Und mehr noch – das Wettergeschehen war ein anderes geworden. Die Tiefdrucksysteme zogen offenbar auf veränderten Bahnen, sorgten für stürmisches und regnerisches Wetter: höchst ungewöhnlich für diese Breiten während der Sommermonate. Bei mir erzeugte unser Erfolg zunächst ein vages, unsicheres Gefühl. Unterschwellig meinte ich, Veränderungen im Eis zu erkennen. Eine rein subjektive Wahrnehmung, die mich aber nicht mehr losließ. Irgendwie war ich verstört.

Alles eine Laune der Natur, wie viele – insbesondere russische Experten – meinten? Oder eine sich abzeichnende Tendenz, eine Entwicklung? Ich war extrem verunsichert, konsultierte wissenschaftliche Abhandlungen zu diesem Thema, sprach mit den Autoren. In den Fachgremien und den wissenschaftlichen Kreisen herrschte zu meinem Erstaunen bereits damals große Übereinstimmung: Es waren die Auswirkungen des Klimawandels, die uns so geschmeidig durch die ansonsten für kleine Schiffe unpassierbare Passage hatte durchkommen lassen. Wir waren das erste Überwasserschiff, das den Nordpol komplett ohne Eisbrecherunterstützung umrunden konnte – gewissermaßen eine Weltumsegelung auf der wahren Nordroute. Davon hatten die alten Polarfahrer wie John Franklin und andere geträumt. Sie bezahlten für den Versuch noch mit ihrem Leben.

Als Konsequenz aus diesem Erlebnis in 2002 entschied ich mich 2003, ein weiteres Mal durch die Nordwestpassage zu fahren, genau zehn Jahre nach unserer ersten Durchfahrt. Ich wollte Vergleiche anstellen, selbst sehen, ob es Veränderungen gab. Das Ergebnis war ernüchternd. Es gab eine relativ hohe Eisbedeckung. Den Winter 2003/2004 mussten wir in Cambridge Bay, einer kleinen Siedlung auf halber Strecke, verbringen, da es einfach keine Route durch das Eis gab. Aber dennoch. In anderen Regionen der Arktis war das Eis weiterhin auf dem Rückzug.

KEINE ANDERE LANDSCHAFT HAT IN DEN LETZTEN JAHRZEHNTEN EINEN SO GRAVIERENDEN WANDEL VOLLZOGEN WIE DIE ARKTIS

Und an der Nordküste Alaskas hatten wir Siedlungen besucht, die ins Meer abzurutschen drohten. Der Permafrostboden, auf dem Menschen seit Tausenden von Jahren siedelten, taute auf und wurde dadurch ein leichtes Opfer für die Brandungswellen der Beaufortsee. Shishmaref, Kivalina und Point Barrow waren massiv davon betroffen. In der Weltpresse fand dieser Umstand nur selten Beachtung – es betraf ja auch nur einige Hundert Menschen. Die Inuit haben keine Lobby.

Damals habe ich meine Unbekümmertheit verloren. Ich konnte von da an nicht mehr einfach von den Expeditionen nach Hause kommen, schöne Bilder zeigen, spannende Geschichten erzählen und den Rest ausklammern. Ich fühlte und fühle mich immer noch als ein privilegierter Mensch, der über einen so langen Zeitraum diese großartige Natur erleben durfte und Zugang zu ihr gefunden hat. Es ist die Pflicht des Chronisten, sich einzumischen und zu berichten. Für mich war und ist es zugleich eine Art Lobbyarbeit für eine Natur, die mir so viel bedeutet. Und die damals aktuelle Entwicklung machte mir Angst.

Inzwischen wissen wir, weiß jeder, der es hören will oder auch nicht, dass der Klimawandel Realität ist. Die Terminologie hat sich entsprechend verändert. Anstatt von dem harmlos klingenden »Klimawandel« zu sprechen, ist mittlerweile der Begriff »Erderwärmung« in diesem Zusammenhang üblich. Man redet vom anthropogenen Zeitalter. Der Begriff anthropogen umfasst sämtliches menschengemachte Hergestellte, Verursachte, Entstandene oder Beeinflusste. Der Mensch verändert das Klima, in der Arktis konnte man es zuallererst erkennen. Die Arktis erwärmt sich derzeit mehr als doppelt so schnell wie der Rest der Welt.

Sie ist eine Art Frühwarnsystem der Natur, und wir täten gut daran, die Warnsignale, die sie aussendet, ernst zu nehmen. Über Jahrzehnte hinweg geschah jedoch genau das Gegenteil. Ein »Weiter wie bisher« war die Maxime. Es rief eine neue Spezies Mensch auf den Plan: den Klimaskeptiker und Klimaleugner. Während die Wissenschaft fundierte Erkenntnisse und Modellrechnungen vorlegte, wurden die Skeptiker und Leugner nicht müde, mit fadenscheinigen Argumenten dagegenzuhalten. Klimaveränderungen habe es schließlich schon immer gegeben, hieß es, und das Ganze sei doch nur Angstmacherei einiger Interessengruppen. Der IPCC[1]-Report spricht eine deutliche, auch für Laien verständliche Sprache und liegt den handelnden Politikern in schöner Regelmäßigkeit vor. Trotzdem ist nichts passiert. Bei dem Report handelt es sich keineswegs um Forschungsergebnisse einiger weniger wissenschaftlicher Institute. Der IPCC ist eine Art Gutachtergremium, das die weltweit gesammelten Erkenntnisse zu dem Thema Klimawandel beurteilt und anschließend eine Empfehlung an die Politik abgibt. Es ist sich zu 97 Prozent sicher, dass der Klimawandel menschengemacht ist. Warum leistet man sich eigentlich eine teure Wissenschaft, wenn man nicht bereit ist, deren Erkenntnisse zu berücksichtigen? Ein Beispiel: Es besteht wissenschaftlicher Konsens darüber, dass Rauchen extrem gesundheitsschädlich ist. Trotzdem gibt es Menschen, die zeit ihres Lebens Kettenraucher sind und nahezu 100 Jahre alt werden. Dennoch würde deshalb wohl kaum einer ernsthaft den Umkehrschluss ziehen und behaupten wollen, dass Rauchen unschädlich ist oder sogar eine lebensverlängernde Maßnahme darstellt.

MAN SOLLTE AUF DIE WISSENSCHAFT HÖREN!

Ob mit dem Faltboot zum magnetischen Pol oder zu Fuß zum geografischen
Nord- und Südpol – immer stand das Naturerlebnis für mich im Vordergrund.

Nach 56 Tagen und rund 1.000 Kilometern zu Fuß über das Eis des Arktischen
Ozeans erreiche ich mit dem Icewalk-Team den Nordpol.

_____ Unterwegs zum geografischen Nordpol. Das war im Jahr 1989. Heute ist das Packeis durch die Erderwärmung so dünn geworden, dass solche Expeditionen viel zu gefährlich und daher kaum realisierbar sind.

Bereits in den 1980er-Jahren protestierten wir im Rahmen einer Nordsee-überquerung mit Faltbooten gegen die Verklappung von Dünnsäure sowie die Einleitung anderer schädlicher Substanzen in das Meer.

Mein erstes Boot. Als Knirps starte ich am Strand von
Westerland zu meiner ersten großen Reise.

Im Jahr 1995 fanden auf dem Mururoa-Atoll im Pazifik die letzten großen Atombomben-
testversuche der Franzosen statt. Nachdem das Greenpeace-Schiff von Spezialeinheiten
geentert und schwer beschädigt worden war, führten wir vor dem Atoll die Protestaktion fort.

»Wir sind nicht die letzte Generation, die den Klimawandel erleben wird, aber wir sind die letzte Generation, die etwas gegen den Klimawandel tun kann.«

Barack Obama, ehemaliger Präsident der USA

02

DIE ZUKUNFT MÖGLICH MACHEN

Wenn es uns nicht gelingt, die Erderwärmung zu stoppen, zerstören wir die Lebensgrundlage künftiger Generationen

___ Die Dimensionen eines Eisbergs werden erst bei einem Größenvergleich deutlich. Die Mastspitze der DAGMAR AAEN ragt 24 Meter hoch.

WIE ABER SIEHT DIE ZUKUNFT AUS? WAS VERSTEHEN WIR IM EINZELNEN DARUNTER?

Im Jahr 1972 fand in Stockholm eine Konferenz der Vereinten Nationen über die »Umwelt des Menschen« statt. In deren Folge wurde im selben Jahr auch das UN-Umweltprogramm UNEP gegründet. Zu diesem Zeitpunkt lebten knapp vier Milliarden Menschen auf der Erde. In nur zwölf Jahren hatte sich die Zahl der Erdenbürger von zwei Milliarden im Jahr 1960 auf knapp vier Milliarden fast verdoppelt. Die Vier-Milliarden-Marke wurde zwei Jahre später, also 1974, überschritten. Schon damals war man sich also der Problematik einer exponentiell wachsenden Weltbevölkerung in Verbindung mit einer rücksichtslosen Ausbeutung der natürlichen Ressourcen bewusst. Auch der Club of Rome hatte bereits 1972 vor Klimaschäden gewarnt.

Im Jahr 1992, 20 Jahre nach der Konferenz von Stockholm, fand in Rio de Janeiro ein weiterer Gipfel der Vereinten Nationen statt, der sogenannte »Earth Summit« – der »Weltgipfel«. Es nahmen rund 10.000 Teilnehmer aus 178 Staaten daran teil. Erstmals wurde der Begriff Sustainability – Nachhaltigkeit – in den politischen Sprachgebrauch eingeführt. Auf dem Gipfel wurden unter anderem Ziele für eine »nachhaltige Entwicklung« formuliert. Im Fokus der Diskussionen standen dabei die Abhängigkeiten der Völker von ihrer Umwelt, den Auswirkungen einer zunehmenden Umweltzerstörung sowie des Klimaschutzes. Unter den fünf verabschiedeten Dokumenten befand sich auch die sogenannte Klimaschutz-Konvention. Diese Rahmenkonvention der UN sah vor, dass die Belastung der Atmosphäre mit Treibhausgasen auf einem Niveau gehalten werden solle, das eine Erwärmung des Weltklimas verhindert. In weiteren Deklarationen ging es unter anderem um Biodiversität – also den Schutz der Artenvielfalt – sowie den Schutz der Wälder. Diese Themen wurden im Jahr 1992 diskutiert. Die Probleme waren also schon damals nicht neu, sondern seit Langem bekannt. Passiert ist indessen nicht viel. Anstatt den Erkenntnissen und Resolutionen Taten folgen zu lassen, wurde das Problem verwaltet, ausgesessen und ignoriert – eben die berühmten »Drei Ds«: »Deny, Delay, Do Nothing«, wie Klaus Töpfer es einmal formuliert hat.

Im Juni 2012 fand in Rio de Janeiro erneut eine Konferenz statt, die unter dem Arbeitstitel »Rio+20« lief. Unter dem Motto »The future we want« – »Die Zukunft, die wir wollen« – wurde erneut über Zukunftsperspektiven und Generationengerechtigkeit diskutiert. Global Governance – globale Verantwortung – war ein Stichwort, das heute mehr denn je an Bedeutung gewonnen hat. Inzwischen traf man sich einmal im Jahr, meist kurz vor Weihnachten, zur Weltklimakonferenz – ohne nennenswerte Ergebnisse zu erzielen. Erst im Dezember 2015 wurden im Pariser Klimaschutzabkommen verbindliche Ziele festgelegt. Das Problemfeld, mit dem wir es heute zu tun haben, ist also nicht plötzlich wie ein Tsunami über uns gekommen – es ist vielmehr schon seit

— **DAS PROBLEM DER ERDERWÄRMUNG IST KEINESFALLS NEU. IM GEGENTEIL: WISSENSCHAFTLER WARNEN SEIT JAHRZEHNTEN VOR DEN FOLGEN**

— HÄTTE MAN RECHTZEITIG ANGEFANGEN, GEEIGNETE MASSNAHMEN ZUM SCHUTZE DES KLIMAS ZU TREFFEN, MÜSSTEN WIR HEUTE NICHT SO DRASTISCHE MASSNAHMEN ERGREIFEN

Jahrzehnten bekannt. Wir haben es vertrödelt, rechtzeitig etwas zu unternehmen. Hätten wir die Zeichen erkannt und auf die Wissenschaftler gehört, wäre die Entwicklung moderater verlaufen. Aber das haben wir nicht getan, und jetzt drängt plötzlich die Zeit.

Eine funktionierende Weltgemeinschaft erfordert eine lebendige Natur! Diese Erkenntnis, gerade vor dem Hintergrund einer rasant wachsenden Weltbevölkerung (inzwischen leben ca. 7,8 Milliarden Menschen auf der Erde), war also spätestens seit 1972 bekannt. Der nachhaltige Umgang mit den Ressourcen dieser Welt und der Natur und dem Klima insbesondere war und ist heute mehr denn je ein Gebot der Stunde. Die Auswirkungen des Klimawandels sind hinlänglich bekannt. Daran ändert auch nichts die Ignoranz, mit der die großen und kleinen Trumps dieser Welt dem Problem begegnen. Immerhin wollen einzelne US-Bundesstaaten wie Kalifornien der US-Regierung klimapolitisch nicht folgen, sondern streben bilateral eine Kooperation mit anderen Ländern an. Das macht Hoffnung und zeigt, dass die Front der Klimaskeptiker bröckelt. Aber Donald Trump ist bei Weitem nicht der einzige Klimaleugner. Auch bei uns in Deutschland gibt es nach wie vor Menschen, die den Klimawandel leugnen – allen voran die Repräsentanten der AfD. Schopenhauer lässt grüßen: Seiner Definition nach ist nicht ein Mangel an Gewissen dafür verantwortlich, dass man wissentlich falsche Thesen vertritt, sondern vielmehr die Eigenschaft, sich um dessen Urteil – das des Gewissens – nicht zu kümmern. Entgegen allen wissenschaftlichen Erkenntnissen reden die Donald Trumps dieser Welt wider ihres eigenen besseren (Ge-)Wissens.

Wohin steuern wir in den unterschiedlichen Gesellschaften, wenn es uns nicht gelingt, verbindliche Ziele für den Klimaschutz, die Artenvielfalt und den Meeresschutz zu vereinbaren? Wenn es selbst auf europäischer Ebene unmöglich scheint, eine Einigung zu einer einvernehmlichen Lösung bei der Frage der Flüchtlingsproblematik zu finden? Wenn Partikularinteressen über humanitäre Fragen gestellt werden und im Umweltbereich verbindliche Ziele für den Klimaschutz immer wieder von Lobbyisten und einzelnen Regierungen torpediert werden? Wenn der erforderliche Strukturwandel oder CO_2-Bepreisungen nur halbherzig angegangen werden und damit nahezu wirkungslos bleiben? Alles hängt mit allem zusammen – deshalb müssen wir an jeder erdenklichen Stellschraube drehen!

»THE FUTURE WE WANT« – IST ES WIRKLICH DIESE ART VON ZUKUNFT, DIE WIR WOLLEN?

—— Ein Gebirge aus Weiß. Bei einer schwachen Brise segelt die DAGMAR AAEN in sicherem Abstand an einem treibenden grönländischen Eisberg vorbei.

___ *Ursus maritimu*s heißt der Eisbär mit zoologischem Namen. Er verbringt den größten Teil seines Lebens in den Eisfeldern des Arktischen Ozeans. Dieser Lebensraum schmilzt ihm jetzt buchstäblich unter den Tatzen fort.

Die Landschaft Ostgrönlands mit ihren gewaltigen Gletscherströmen gehört für mich zu den eindrucksvollsten der Erde.

___ Während einer Überwinterung an der Westküste Grönlands haben Wissenschaftler vom Max-Planck-Institut für Meteorologie das eingefrorene Schiff
als Basis für umfangreiche Forschungsarbeiten genutzt.

___ Während der polaren Nacht gibt es nur um die Mittagszeit ein wenig diffuses Licht.

___ Trotzdem werden die Forschungsarbeiten fortgesetzt. Eisbohrkerne werden vermessen und untersucht. Das Eis ist nur ca. 30 Zentimeter dick. Früher waren es dort bis zu zwei Meter.

03

VON UNSEREM LEICHTFERTIGEN UMGANG MIT DER NATUR

Wir verhalten uns so, als wären die Ressourcen unserer Erde unerschöpflich. Woran liegt es, dass wir so wenig Wertschätzung für unseren Planeten empfinden?

___ Eine gewaltige Müllhalde erwartet uns in einem grönländischen Fjord.
Es sind Hinterlassenschaften des US-Militärs.

Grönland ist meine Trauminsel! Atemberaubende Naturlandschaften, die ihresgleichen in der Welt suchen. Der Nordosten Grönlands, der insgesamt 45 Prozent der Gesamtfläche der Insel ausmacht, ist als Naturpark ausgewiesen. Zutritt erhält nur derjenige, der über eine recht umständlich zu beantragende Genehmigung verfügt. Ein paar Wissenschaftler, Angehörige der militärischen Siriuspatrouille – und hin und wieder eine Handvoll Besucher. Wilde, unberührte Natur. Moschusochsen, Eisbären, Walrosse und Polarwölfe leben unbehelligt von irgendwelchen Nachstellungen durch Menschen. Im Meer tummeln sich Wale, deren Bestand erfreulicherweise zugenommen hat. Schutzmaßahmen haben gegriffen, die Tiere konnten sich weitgehend ungestört vermehren. In Ostgrönland gibt es mit Ausnahme der Siedlungen Ittoqqortoormiit und Tasiilaq sowie einiger assoziierter Dörfer keine menschlichen Ansiedlungen. Erst wenn man die Südspitze Grönlands, das Kap Farvel, gerundet hat und die Westküste entlang nach Norden segelt, trifft man immer wieder auf vereinzelte kleine Ortschaften, von denen Nuuk, die Hauptstadt mit ihren 18.000 Einwohnern, die größte ist. Bedingt durch den Golfstrom, dessen Ausläufer an der Westküste für milderes Klima und wärmeres Wasser sorgt, ist es hier vergleichsweise eisfreier als an der Ostküste. Aber auch hier lässt man die Zivilisation schnell hinter sich, sobald man den Ort verlässt. Von den 56.000 Grönländern leben die meisten in den wenigen größeren Orten, der Rest in kleinen, abgelegenen Siedlungen. Ein Straßennetz oder öffentliche Verkehrsmittel gibt es nicht. Das Flugzeug, das nahezu alle Siedlungen verbindet, sowie Boote oder Hundeschlitten bilden das Verkehrsnetz. An einem Platz wie diesem erwartet man zuallerletzt Umweltschäden. Aber es gibt sie. Von den Auswirkungen des Klimawandels einmal abgesehen, der überall in Grönland seine Spuren hinterlässt, gibt es auch andere Zeugnisse eines gedanken- und verantwortungslosen Umgangs mit der Natur. An einem der einsamsten Plätze der Welt! Wenn wir den Wert einer funktionierenden Natur nicht erkennen, wird die Menschheit fortfahren, sie weiter zu zerstören und fortwährend neue Probleme zu generieren. Dazu ein Beispiel:

Es gibt einen Ort, den ich vor einigen Jahren mehr zufällig entdeckt hatte. Berichte über eine alte aufgelassene amerikanische Militärstation mit Namen Bluie East 2 hatten uns mit der DAGMAR AAEN durch gewundene Fjorde und Sunde dorthin geführt. Eine verlassene Militärstation aus dem Jahr 1947 – »Was wird da schon sein?«, fragten wir uns. Ein bisschen Schrott und Ruinen. Was wir dann aber dort vorfanden, traf uns wie ein Blitz aus heiterem Himmel: Ölfässer, so weit das Auge reichte. Einige leer, aber viele immer noch mit Schmierstoffen und sonstigen undefinierbaren Flüssigkeiten gefüllt, die über die Jahrzehnte hinweg eine sirupartige Konsistenz angenommen hatten. Viele Fässer waren geborsten, ihr schmieriger Inhalt sickerte ungehindert ins Erdreich. Wir waren geschockt, hatten damals aber nicht Zeit für längere Recherchen. Ich entschloss mich, irgendwann mit mehr Zeit im Gepäck wiederzukommen. Im Sommer 2019 war es dann im Rahmen der Ocean-Change-Expedition so weit. Bei herrlichstem Sommerwetter gingen wir vor der Station im ostgrönländischen Ikateq-Fjord vor Anker. Um uns herum hohe Bergmassive und in der Sonne schwitzende Eisberge, die träge mit der Tide durch den Sund zogen – ein Idyll. Eigentlich. An Land trat Ernüchterung ein. Ich wusste ja, was uns dort erwartete. Eine baufällige und brüchige Pier, darauf ein rostiger Kran, der früher die Versorgungsgüter gelöscht hatte, rostiger Schrott und vereinzelte leere Fässer, von denen jedes einmal 200 Liter Öl oder Brennstoff beinhaltet hatte. Wir kletterten einen kleinen Abhang hoch und standen auf einer eingeebneten, rund 1.500 Meter langen Landebahn für die amerikanischen Flugzeuge. Die Station war ursprünglich im Jahr 1941 als Luftwaffenstützpunkt gebaut worden. Das Vorland des Gebirges lieferte die gewünschte ebene Fläche. Mittels Planierraupen wurde für die damals noch eingesetzten Propellermaschinen eine brauchbare Piste in der Wildnis geschaffen. Flugzeughangars, Werkstätten, Funk- und Wetterstationen, Wohnbaracken, ein Fuhrpark aus Lastwagen, Dampfkessel für die Energiegewinnung und für die Werkstätten – eine richtige kleine Stadt wurde hier innerhalb weniger Monate in der Wildnis errichtet. Nach dem Krieg verlor die Station rasch an Bedeutung. 1947 war endgültig Schluss. Von einem Tag auf den anderen verließen die Militärangehörigen die Anlage und schifften sich ein – Kurs Heimat. Zurück blieb alles, was nicht ins Reisegepäck passte: aus den Augen, aus dem Sinn. Das harsche Klima Grönlands und die heftigen Winterstürme ließen die Gebäude in den folgenden Jahren einstürzen. Grönländer kamen aus benachbarten Siedlungen, um sich in der verlassenen Station mit Baumaterial für ihre Hütten einzudecken. Der Rest blieb vor Ort – alles, auch die Fässer.

Den ersten Gesamteindruck verschaffte sich unser Kameramann Tim. Er startete seine Drohne, überflog das rund einen Quadratkilometer große Areal und kam aus dem Staunen nicht mehr heraus. Da standen diverse Lkw mit geschwungenen Kotflügeln, wie man sie aus alten Filmen kennt. Das ausgebrannte und zusammengefallene Skelett eines Flugzeughangars war zu erkennen, ebenso rostige Dampfkessel,

— **WÜRDE MAN EINE VERGLEICHBARE UMWELTSÜNDE IN DEN USA ANRICHTEN, GINGE MAN DAFÜR VERMUTLICH INS GEFÄNGNIS**

Fundamente von Holzhütten und braune, vom Rost zerfressene Fässer. Nicht hier und dort verstreut, nicht zehn, 20 oder 50 Fässer waren es; es waren buchstäblich überall Fässer, die allesamt drei große Buchstaben auf dem Blechdeckel aufwiesen: USA. Sie waren einzeln, in Reihen abgelegt, zu wilden Haufen aufgetürmt oder fein säuberlich gestapelt. Tausende mussten es sein, wahrscheinlich weit mehr als 10.000, so mutmaßten wir. Wir sollten einer groben Fehleinschätzung unterliegen. Tatsächlich lagern dort rund 190.000 Fässer, wie eine spätere Analyse ergeben hat.

Die Grönländer kennen den Ort natürlich, doch bis heute ist er in keiner Seekarte und keinem Handbuch erwähnt. Einige Menschen in Tasiilaq, der nächstgelegenen großen Siedlung, haben ihre ganz eigene Meinung zum Thema Bluie East 2: Sie wollen, dass mögliche Giftstoffe unbedingt entfernt werden, ansonsten soll der Schrott aber vor Ort bleiben. Die US-Airbase sei eine kulturhistorische Stätte und solle deshalb erhalten bleiben. Für uns durchaus verständlich, gibt es doch bereits so etwas wie einen Bluie-East-2-Tourismus in Tasiilaq: Vereinzelt werden schon Touristen in kleinen Motorbooten zur US-Airbase gefahren, um sich die militärische Schrotthalde anzuschauen. Es ist zumindest eine kleine Einkunftsquelle in der ansonsten von Arbeitslosigkeit geprägten Gemeinde.

Von morgens bis abends erkunden wir das Gelände, nehmen Bodenproben und dokumentieren jedes Detail durch Foto- und Filmaufnahmen. Denn Bluie East 2 – und das ist die gute Nachricht – könnte sich schon bald verändern. Endlich, nach mehr als 70 Jahren, soll hier aufgeräumt werden. Allerdings nicht von den Verursachern. Die hatten sich ihrer Verantwortung schon in den 50er-Jahren entledigt, indem sie mit Dänemark einen Vertrag schlossen, das damals die alleinige politische Hoheit über Grönland ausübte. Einfach ausgedrückt, wurde in dem Vertrag ausschließlich der amerikanische Standpunkt zu Papier gebracht. Frei nach dem Motto: Wir Amerikaner haben euch vor Nazideutschland geschützt, jetzt könnt ihr auch den Müll wegräumen. Dänemark unterschrieb – und tat jahrzehntelang nichts. Erst 2018 wurde ein Vertrag mit Grönland unterzeichnet, der besagt, dass Dänemark bis 2024 insgesamt knapp 26 Millionen Euro zur Verfügung stellt, um die amerikanischen Hinterlassenschaften in Grönland wegzuräumen.

Im Rahmen einer Ausschreibung zur Entsorgung der Fässer von Bluie East 2 wurde eine grönländische Firma namens »60 North« ausgewählt. Eine Mammutaufgabe wartet auf das Unternehmen. Einerseits ist da die gigantische Menge an Material, die abtransportiert werden soll, auf der anderen Seite betrifft es die schwierige Logistik. Zu erreichen ist der ehemalige Luftwaffenstützpunkt nur aus der Luft oder per Schiff und Letzteres auch nur in den eisfreien Sommermonaten Juli und August/ September. Zudem wird schweres Gerät benötigt, da teilweise auch der Boden abgetragen werden muss. In den Fässern wurden offenbar Flugbenzin, Heizöl, Diesel und Schmierstoffe transportiert. Der Boden in der Region könnte umfangreich vergiftet sein. Mit der Schneeschmelze dürften schädliche Stoffe jedes Jahr in den Sund gespült werden. Um das herauszufinden, haben wir Bodenproben genommen. Im Institut für Umweltanalytik im bayerischen Möhrendorf wurden die 34 gesammelten Proben genau analysiert. Glücklicherweise ergaben die Analysen, dass der dauerhaft gefrorene Boden dafür gesorgt hat, dass die Schadstoffe nicht tief ins Erdreich eindringen konnten.

Zwei Tage verweilen wir an dem Ort. Die amerikanischen Umweltgesetze sind streng, das ist auch gut so. Für den Umweltskandal, der in Grönland zurückgelassen wurde, ginge man auf heimischem Boden in den USA womöglich ins Gefängnis. Umweltzerstörung ist ein krimineller Akt und kein Kavaliersdelikt.

Insgesamt soll es auf der größten Insel der Welt noch ca. 30 weitere verlassene US-Militäreinrichtungen aus dem Zweiten Weltkrieg geben. Darunter auch die bis heute betriebene Luftwaffenbasis Thule Airbase im äußersten Nordwesten Grönlands. Am 21. Januar 1968 stürzte dort ein B-52-Bomber mit vier Wasserstoffbomben ab. Zur Zeit des Kalten Krieges befand sich immer mindestens ein B-52-Bomber, eine sogenannte Stratofortress, in der Luft, um auf einen möglichen Atomschlag der Sowjets umgehend reagieren zu können. Einer dieser taktischen

UMWELTZERSTÖRUNG IST DURCH NICHTS ZU ENTSCHULDIGEN – AUCH NICHT DURCH VERMEINTLICH NOTWENDIGE MILITÄRISCHE OPERATIONEN

Langstreckenbomber geriet während des Fluges in Brand und musste von der Mannschaft verlassen werden. Unbemannt stürzte er etwa zwölf Kilometer von der Thule Airbase entfernt aufs Eis und zerschellte, wobei die konventionellen Sprengladungen der Atomwaffen explodierten und das atomare Material verteilten. Ein Areal von mehr als acht Quadratkilometern wurde nuklear kontaminiert. Die arglosen Grönländer und auch Dänen vor Ort wurden zu Bergungsaktionen herangezogen. Viele von ihnen starben Jahre später an den Spätfolgen der nuklearen Verstrahlung. Bis heute ist unklar, ob wirklich alle vier Bomben gefunden wurden – man geht davon aus, dass eine Bombe nach wie vor verschollen ist. Ein Politikum, das bis in die jüngere Zeit das dänische Parlament beschäftigt hat. Noch 2009 hat der dänische Außenminister einen Bericht angefordert, in dem es um die Bergung der atomaren Rückstände einschließlich der verschollenen Bombe geht.

Ein Arzt, mit dem wir in Grönland sprachen und der auch Dienst in Qaanaaq getan hat, einer Siedlung, die nur wenige Flugkilometer vom Unglücksort entfernt liegt, sprach von einer ungewöhnlich hohen Krebsrate bei den dort ansässigen Grönländern. Auch heute noch.

Unweit der Thule Airbase hatten die Amerikaner in den 60er-Jahren das »Project Iceworm« gestartet. Hinter diesem Codenamen verbarg sich ein gigantisches Tunnelprojekt, das aus 21 in das grönländische Inlandeis gebohrte Tunnelröhren bestand, sowie einer auf den Namen »Camp Century« getauften Siedlung unter dem Eis. Labors, eine Kirche, ein Krankenhaus sowie ein Kino eingeschlossen. Bis zu 600 Atomraketen sollten acht Meter tief im Inlandeis stationiert werden. Die gesamte Anlage hatte eine Ausdehnung von rund 55 Hektar – das

— DAS GEBIET DER ALTEN MILITÄRANLAGEN IST BIS HEUTE ALS SPERRZONE AUSGEWIESEN. DIE AKTIVEN STATIONEN SIND FÜR AUSSEN-STEHENDE OHNEHIN TABU

entspricht gut neunmal der Fläche des Louvre. In den Tunneln wurden Schienen zum Transport der Nuklearwaffen montiert, ein Miniatom-kraftwerk installiert und gigantische Tanks für Brennstoff angelegt. 200 Militärangehörige sollen unter dem Eispanzer stationiert gewesen sein, bis zu 200.000 Liter Diesel wurden in diversen Tanks eingelagert. Die Ingenieure hatte bei der Planung allerdings die Agilität und Dynamik der grönländischen Eismassen falsch eingeschätzt. Schon bald nach der Inbetriebnahme der Anlage wurde deutlich, dass die sich mehr oder minder ständig in Bewegung befindlichen Eismassen die Tunnel zum Einsturz brachten bzw. die Tunnelröhren verschoben. Decken stürzten ein, die Anlage war dem enormen Eisdruck nicht gewachsen. Bereits sieben Jahre nach der Inbetriebnahme wurde das Projekt wieder auf-gegeben. Die Amerikaner verfuhren nach dem gleichen Prinzip wie bei Bluie East 2 – man schloss die Türen und rückte ab. Allerdings sind die Hinterlassenschaften von Camp Century noch um einiges brisanter als die der anderen Stationen. Das Kernkraftwerk nahm man wieder mit, aber die vom Eisdruck geborstenen Tanks mit dem Diesel blieben zu-rück; der Inhalt versickerte im Eis. Man schätzt, dass etwa 24.000 Li-ter Abwasser zurückblieben – was immer man darunter verstehen mag. Der Fuhrpark, die Versorgungsleitungen, leicht radioaktives Kühlwasser des demontierten Atomreaktors sowie große Mengen an PCB-haltigen Chemikalien – alles blieb, wo es war.

Der Klimawandel lässt das Inlandeis schneller schmelzen als er-wartet. Es ist vermutlich nur eine Frage von einigen Jahrzehnten, bis die

Altlasten durch die Eisschmelze wieder freigesetzt werden – mit entsprechenden Folgen für die Ökosysteme.

Der Zutritt dorthin ist bis heute streng untersagt. Eine tickende Zeitbombe lagert dort im Eis. Im Sommer 2019 überraschte US-Präsident Trump die Dänen und Grönländer gleichermaßen mit dem Angebot, Grönland kaufen zu wollen – als ob es sich dabei um eine beliebige Immobile handele. Als dieses absurde Ansinnen sowohl von grönländischer wie auch dänischer Seite entschieden abgelehnt wurde, reagierte der Präsident verstimmt und sagte einen Staatsbesuch in Kopenhagen ab.

Auch wenn die Beispiele das suggerieren mögen – es geht nicht um USA-Bashing. Die Sachlage ist in Grönland nun einmal, wie sie ist.

Militärische Altlasten gibt es nicht nur in Grönland, ich habe sie auch auf dem sibirischen Festland, auf der Inselgruppe Franz-Josef-Land und an anderen Orten gesehen. Selbst in der Antarktis gab es Anfang der 90er-Jahre bei einigen Stationen Müllhalden, obwohl diese laut Antarktisvertrag gar nicht hätten existieren dürfen. In der amerikanischen McMurdo-Station betrieben die Amerikaner in den 60er-Jahren kurzfristig einen Kernreaktor, den sie allerdings nach Protest der anderen Vertragsstaaten wieder demontierten. Die Müllhalden sind mittlerweile ebenfalls entsorgt. Aber damit verlagert sich nur das Problem.

UNSERE BESTREBUNG, DIE ERDE ALS EINEN MÜLLPLATZ ZU VERWENDEN, SOWIE DAS GRENZENLOSE UND RÜCKSICHTSLOSE AUSBEUTEN DER RESSOURCEN MÜSSEN EINEM NEUEN DENKEN PLATZ MACHEN.

___ Die Drohnenperspektive offenbart das ganze Ausmaß der Müllhalde.

Die US-Militärbasis Bluie East 2 zu ihrer aktiven Zeit. Eine große strategische Bedeutung hatte sie nie wirklich.

Zahlreiche Fässer sind immer noch mit einer öligen Substanz gefüllt. Durch den Frost sind sie geplatzt und entleeren ihren Inhalt in die Natur. Lauren und ich nehmen Bodenproben.

___ Eines der alten Häuser der Inughuit unweit der Thule Airbase.
Die Grönländer wurden quasi zwangsumgesiedelt.

___ Im Institut für Umweltanalytik im bayrischen Möhrendorf werden unsere
Bodenproben auf Schadstoffe untersucht – mit spannenden Ergebnissen.

___ Schmelzwasser, das von den Eisbergen herabströmt, ergänzt unsere
Frischwasservorräte. Es ist vermutlich viele Jahrzehnte alt.

04

RAUBTIER-MENTALITÄT

Der ungebremste Ressourcenverbrauch ist ein fundamentales Problem. Laut einer Studie des WWF haben wir allein 2019 die Ressourcen von 1,7 Erden verbraucht. Wir haben aber nur die eine Erde

___ Eishaie können mehrere Hundert Jahre alt werden. Sie werden erst mit 100 Jahren geschlechtsreif. Ihr Fleisch ist nahezu ungenießbar. Aber ein kleiner Teil der vom Aussterben bedrohten Tierart gilt auf Island heute als Delikatesse.

Zu dieser Raubtiermentalität gehört auch die Überfischung der Meere. Man muss einmal auf der Brücke eines der großen Hochseetrawler gestanden haben, um zu begreifen, dass die Fische keine Chance auf Entkommen haben. Die opulente Ausstattung mit Elektronik und Sonargeräten erinnert eher an ein Raumschiff als an ein Fischereischiff. Während die großen Hightech-Industrietrawler 365 Tage im Jahr bei jedem Wetter außerhalb der 200-Meilen-Zone weitgehend unkontrolliert fangen und an Land über eine starke Lobby verfügen, werden die kleinen Familienbetriebe durch zunehmende Auflagen drangsaliert. Ihnen wird die Existenzgrundlage entzogen, während die Großen den Rest der Beute unter sich aufteilen. Durch Überfischung und ungerechte Reglementierungen wird der Ertrag der Familienbetriebe immer geringer. Viele von ihnen geben auf. Zugleich fischen die »Großen« mit immer moderneren Schiffen die Ozeane leer. Dazu kommt das Problem des Beifangs. Das sind jene Fische, die versehentlich oder ungewollt ins Netz gehen. Sie werden ungenutzt wieder über Bord geworfen – tot, versteht sich. Einen solchen Trawl überlebt kein Lebewesen. Norwegen hat als eines der ersten Länder die Entsorgung des Beifangs streng verboten. Alles, was in den Netzen gefangen wird, muss registriert und einer Verwertung zugeführt werden. Zudem wird auch der Beifang komplett auf die Quote des Fischers angerechnet. Dadurch möchte man zu nachhaltigeren Fangtechniken bzw. zur Entwicklung neuer Netzkonstruktionen anhalten. In der EU gilt seit 2015 ein Rückwurfverbot, das bereits 2013 verhandelt wurde und seitdem schrittweise umgesetzt werden soll – wenn es nicht umgangen wird. In anderen Ländern außerhalb der EU gibt es solche Bestimmungen vielfach überhaupt noch nicht.

Aber es ist zu einfach, mit dem Finger auf die Fischer zu zeigen. Sie stehen nicht nur in einem harten, existenzbedrohenden Wettbewerb, sie beliefern einen Markt, den wir Verbraucher gestalten. Solange dem Produkt Fisch nicht die richtige Wertigkeit beigemessen wird und die Fischer nur einen mageren Ertrag erwirtschaften, werden sich die Fangtechniken vermutlich nur unwesentlich ändern. Es ist die gleiche Diskussion, die wir bei der Massentierhaltung in Geflügelfarmen und Schweinemästereien führen. Die Schnäppchenmentalität regiert den Markt leider immer noch. Billigfleisch ist immer noch der Renner. Und das, obwohl es genug Alternativen gibt – pflanzlicher oder doch zumindest tierfreundlicherer Natur. Und obwohl bekannt ist, dass die Aufzucht der Tiere neben dem Artenschutzaspekt auch alles andere als günstig für unser Klima ist. Arten müssen durch ein solides Preisgefüge geschützt werden – auch wenn es dann aus Kostengründen nicht jeden Tag das Schnitzel, den Burger oder das Kotelett zu essen gibt. In Europa ist Deutschland das Land mit den günstigsten Schlachtpreisen. Dänische Schweinemästereien lassen Lkw-Ladungen mit Schweinen nach Deutschland zum Schlachten transportieren – weil es hier so schön günstig ist. In dem größten Schlachtbetrieb Deutschlands, im nordrheinwestfälischen Rheda-Wiedenbrück, werden pro Tag bis zu 20.000 Schweine[2]

— **ES SIND NICHT IMMER DIE ANDEREN, DIE DIE SCHULD HABEN. WIR ALLE TRAGEN VERANTWORTUNG. DURCH UNSER KONSUMVERHALTEN GESTALTEN WIR DIE MÄRKTE**

geschlachtet. Wir sind – ausländischen Billiglohnarbeitern sei Dank – ein Billigproduzent in Sachen Fleisch. Durch die Coronakrise ist unser Fleischkartell in den Fokus der Öffentlichkeit gerückt. Schlecht bezahlte und daher billige Arbeitskräfte, die meist aus osteuropäischen Ländern stammen und über Leiharbeiterfirmen vermittelt werden, leben und arbeiten auf engstem Raum meist unter fragwürdigen hygienischen Verhältnissen und unwürdigen Bedingungen. Bei anderen Schlachtbetrieben verhält es sich ähnlich. Die Zahlen sprechen für sich: Der genannte Schlachtbetrieb ist schlagartig zum Hotspot für Coronainfektionen geworden. Über 650 Beschäftigte wurden positiv auf das Virus getestet. Insgesamt 7.000 Personen wurden unter Quarantäne gestellt.

Den drei Säulen der Nachhaltigkeit – Ökonomie, Ökologie und Soziales – möchte ich eine vierte hinzufügen: die der Ökumene. Wikipedia definiert den Begriff Ökumene nämlich nicht nur als Dialog und Zusammenarbeit zwischen christlichen Konfessionen – und im Übrigen nicht nur zwischen christlichen, sondern allgemein zwischen monotheistischen Religionen –, es nennt auch den Begriff der »Geografischen Ökumene«, was sich auf den ständig besiedelten und landwirtschaftlich nutzbaren Teil der Erdoberfläche bezieht. Die Weltbevölkerung wächst unablässig und mit ihr der Bedarf an Nahrungsmitteln und Lebensraum. Die Artenvielfalt sowie ein schonender Umgang mit den Ressourcen in der Natur sind Grundvoraussetzung für die Lebensgrundlage der Völker

— **UMWELTZERSTÖRUNG, ERDERWÄRMUNG UND RESSOURCENKNAPPHEIT WIE ZUM BEISPIEL WASSERMANGEL SIND DIE KEIMZELLE VON KONFLIKTEN UND KRIEGEN**

und damit einer anzustrebenden friedlichen Koexistenz. Stattdessen werden Naturlandschaften in großem Stil vernichtet. Weltweit sterben immer mehr Arten aus. Die Angaben schwanken zwischen 100 und 150 Spezies pro Tag. Der Erhalt der Artenvielfalt ist aber eine der Grundvoraussetzungen für die Lebensgrundlage der Völker.

Jedes Jahr roden wir etwa 130.000 Quadratkilometer Wald, das entspräche in nicht einmal drei Jahren etwa der Fläche Deutschlands, Tendenz steigend. Allein in Brasilien verbrannten im August 2019 innerhalb von fünf Tagen 471.000 Hektar Wald.[3] Und es brennt seitdem ja weiter. Bei den verheerenden Buschbränden in Australien sind über eine Milliarde Tiere ums Leben gekommen. Ganze Arten sind in ihrem Bestand gefährdet, die Koalabären eingeschlossen. Die heiße Asche trieb über 12.000 Kilometer über den Pazifik bis zur südamerikanischen Andenkette und ließ Rußpartikel regnen.[4]

Der Zugang zu Wasser wird zunehmend schwieriger und damit konfliktreicher. Nur Zyniker wundern sich, dass die Menschen dann fortziehen, anstatt zu verdursten und zu verhungern oder umgebracht zu werden.

Der Zusammenhang zwischen Umweltveränderung und Migration ist komplex und sicher eine der Hauptursachen für Flüchtlingsströme. Auch der Syrienkonflikt hat zumindest teilweise seine Ursachen dort. Vor der Rebellion litt das Land unter einer verheerenden Dürre. Bei zeitgleicher Übernutzung der Grundwasserreserven verloren in den Jahren 2007/2008 rund 45 Prozent der in der Landwirtschaft beschäftigten Menschen ihren Job. Bei solchen wirtschaftlichen Nöten finden Populisten und reaktionäre Tendenzen sowie ein religiöser Fundamentalismus einen guten Nährboden vor.

Durch das Verbrennen fossiler Brennstoffe verändern wir das Klima sowie die chemische Zusammensetzung der Ozeane – mit unabsehbaren Folgen für die Flora und Fauna und damit auch für die Menschen. Der zynische Begriff des Wirtschaftsflüchtlings wird den Ursachen nicht gerecht. Es handelt sich vielmehr um politische *und* um Klimaflüchtlinge.

— KEINER VERLÄSST OHNE TRIFTIGEN GRUND SEIN FAMILIÄRES UND SOZIALES UMFELD AUF DAUER – ES SEI DENN, IHM IST DIE LEBENSGRUNDLAGE ENTZOGEN WORDEN

Die Stigmatisierung der Flüchtlinge macht es nur leichter, sie abzuweisen. Nachhaltigkeit entsteht aus der Einsicht, dass alles mit allem zusammenhängt und nur im ganzheitlichen Verständnis realisiert werden kann. Im Gegenzug führt ein selektives Denken und Handeln unweigerlich in die Sackgasse. Viktor Orbán kann seinen Zaun um sein Land so hoch bauen, wie er will – wenn verzweifelte Menschen keinen anderen Weg sehen, werden sie durch nichts aufzuhalten sein.

Denn: Was macht eine Familie aus dem afrikanischen Tschad, wenn ihr die Lebensgrundlage wegbricht? Sie orientiert sich dorthin, wo sie sich eine Perspektive erhoffen kann. Sie wandert aus. Darf man sich über Flüchtlingsströme wundern, wenn man den Menschen vor Ort keine wirtschaftliche Grundlage ermöglicht? Solange in den betreffenden Ländern keine Wertschöpfungskette implementiert wird, werden ganze Bevölkerungsgruppen am Existenzminimum leben – oder sich ein neues Lebensumfeld suchen.

Die Menschen, die den langen und gefährlichen Weg von Afrika aus zum Mittelmeer wählen, um sich dann in die Hände gewissenloser Schleuser zu begeben, kommen ja nicht nach Europa, weil sie das große Abenteuer suchen. Sie haben meistens keine Alternative. Diese Entwicklung mag viele Ursachen haben, ganz sicher sind diese nicht alle dem Klimawandel geschuldet. Aber arme Länder werden so lange fortfahren, ihren Regenwald zu roden, wie es für das Holz Abnehmer gibt und damit Geld zu verdienen ist. Wenn von der internationalen

Staatengemeinschaft keine Ausgleichszahlungen geleistet werden, um diesen Regenwald zu erhalten – wie mehrfach zugesagt –, wird man fortfahren, ihn zu roden.

Global Governance meint ein Konstrukt aus Prinzipien, Regeln und Gesetzen, die einer gesellschaftlichen Akzeptanz folgen. Es gibt viele Best-Practice-Beispiele von Unternehmen, die sich der Verantwortung stellen. Auch die Energiewende sehe ich auf dem richtigen Kurs – selbst wenn es immer wieder logistische Probleme gibt und geben wird. Wenn man in den 80er-Jahren die Macher der Energiewirtschaft gefragt hätte, ob diese sich die Zukunft ohne Kohle und Atomkraft vorstellen könnten und dass stattdessen regenerative Energie einen Anteil von rund 45 Prozent an der Nettostromerzeugung in Deutschland einnehmen würde, hätte man die Fragenden ausgelacht. Und jetzt? Allein im Jahr 2015 wurden in Deutschland 20 Prozent mehr Strom aus erneuerbaren Energien produziert als im Jahr zuvor. Im ersten Halbjahr 2020 stieg der Anteil an »grünem Strom« zeitweise auf über 50 Prozent.

Es geht also! Keiner hat behauptet, dass es einfach oder billig werden würde, aber eine andere zukunftsfähige Alternative haben wir schlichtweg nicht. Probleme sind dazu da, gelöst zu werden. Nur im Schulterschluss zwischen den Bürgern, der Politik und der Wirtschaft kann das gelingen. Und eben nicht in egoistischer Raubtiermentalität.

NEVER GIVE UP!

Ein moderner Trawler pflügt schwer beladen durch eine aufgewühlte See. Obwohl eher klein, fängt er doch mehrere Tonnen Fisch – pro Stunde.

Eishaie werden im isländischen Húsavík angelandet. Zuvor wurden sie mit Robbenkadavern angelockt und gefangen.

___ Ein Fischer auf den Orkney-Inseln zeigt stolz zwei
gefangene Hummer.

___ Ein alleinerziehender Fischer mit seinen beiden Töchtern von den Faröern.
Für die kleinen Familienbetriebe wird es immer schwieriger, sich gegen die
Konkurrenz der Industrietrawler zu behaupten.

___ Ein Fischer von Guinea-Bissau trägt einen kleinen gefangenen Hai nach Hause.

Fischerei wird wie hier in vielen armen Ländern noch mit archaischen Wurfnetzen durchgeführt, während draußen vor der Küste die großen Industrietrawler die Meere regelrecht leer fischen.

05

_ DIE JUGEND WACHT AUF!

Der Protest der Fridays-for-Future-Aktivisten ist längst überfällig gewesen und ein wichtiger Weckruf. Ein »Weiter wie bisher« wird nicht mehr akzeptiert

___ »That is what it is all about« – darum geht es: um unsere einmalige Erde.
Jugendliche unseres jährlich stattfindenden Ice-Climate-Education-Camps
balancieren eine symbolische Weltkugel auf den Fingerspitzen.

Die 68er-Bewegung hat unsere Gesellschaft in Deutschland grundlegend verändert. Es war die Zeit der Flower-Power und der Hippies – eine unglaubliche Provokation für die überwiegend biedere Bevölkerung, die in den Nachkriegsjahren alles ausgeblendet hatte, was an die eigene Geschichte im Nationalsozialismus erinnerte. Auch wenn man es öffentlich nicht äußerte, war vielen das Gedankengut des NS-Regimes noch sehr vertraut. Es war die Zeit des Wirtschaftswunders. Die furchtbaren Kriegsjahre hatte man verdrängt. Eine Aufarbeitung des Nationalsozialismus fand nicht oder nur peripher statt. Im Schulunterricht erklärte mir ein Lehrer damals allen Ernstes, dass Kinder erst einmal gebrochen werden müssten, um dann neu aufgebaut zu werden.

Ich war damals gerade 15 Jahre alt, aber meine beiden älteren Schwestern und deren Freundinnen und Freunde ließen mich am aktuellen politischen und gesellschaftlichen Geschehen teilhaben. Der andauernde Vietnamkrieg mit seinen verheerenden Bombardements, die daraus resultierenden länderübergreifenden Protestbewegungen, die Studentenrevolten, das Attentat auf den Studentenführer Rudi Dutschke und letztlich das Woodstock-Festival im August 1969 prägten eine ganze Generation – meine Generation. Studenten gingen in Scharen auf die Straße, um gegen den »Muff von 1.000 Jahren unter den Talaren« zu demonstrieren. Ihnen ist es letztlich zu verdanken, dass ein ehemaliger nationalsozialistischer Richter wie der damalige Ministerpräsident von Baden-Württemberg, Hans Filbinger, im August 1978 zurücktreten musste, da er noch in den letzten Kriegsmonaten Todesurteile gesprochen hatte. Der Dramatiker Rolf Hochhuth hatte ihn als einen »furchtbaren Juristen« bezeichnet. Irritiert stellte ich als Schüler fest, dass unser Geschichtsunterricht mit der Weimarer Republik endete – nicht etwa mit dem Völkermord des »Dritten Reiches«. Auch wenn vieles im Rückblick verklärt erscheinen mag – die aufkommende 68er-Bewegung glich einem gesellschaftspolitischen Erdbeben. Die Gründung der terroristischen Rote-Armee-Fraktion, die mit gnadenloser Brutalität Menschen ermordete, ließ bei mir unweigerlich ein politisches Bewusstsein wachsen. Protest ja – aber doch nicht so! Hießen die Helden meiner Kindheit Lederstrumpf, Winnetou und Old Shatterhand, so waren es jetzt Janis Joplin, Jimi Hendrix und Jim Morrison von den Doors.

Das politische Vermächtnis des Zweiten Weltkriegs wurde zu dieser Zeit nach besten Möglichkeiten unter den Teppich der Geschichte gekehrt. Nicht nur, aber besonders auch in Deutschland. Vergangenheitsbewältigung sieht anders aus!

Jahrelang habe ich mich dann gefragt, warum die junge Generation danach zunehmend unpolitisch geworden ist. So, als gingen sie die Umwelt und politische Entwicklungen gar nichts an. Daraufhin schrieb ich 2007 mit Freunden anlässlich des »Internationalen Polarjahres« ein Jugendcamp unter dem Namen I.C.E. – Ice-Climate-Education – aus. Bereits in den 90er-Jahren hatten wir ähnliche Camps in Island und in Russland organisiert. Jetzt ging es darum, junge Menschen für das Thema Klimawandel und Naturschutz zu sensibilisieren. Es war ein Beitrag, den wir leisten konnten und wollten. Ursprünglich war das Projekt als eine einmalige Aktion geplant. Nachdem wir aber das erste Camp organisiert und durchgeführt sowie uns das erforderliche Know-how angeeignet hatten, beschlossen wir, damit weiterzumachen. Wir erlebten, wie Jugendliche im Alter zwischen 16 und 19 Jahren für diese Thematik zu interessieren waren. Inzwischen haben wir das Camp zwölfmal durchgeführt und kommen einige der ehemaligen Teilnehmer als Betreuer oder

Referenten im Erwachsenenalter zurück, um uns zu unterstützen. Es habe ihren Lebenslauf positiv beeinflusst, sagen sie. Mehr Bestätigung für unser Handeln kann man sich nicht erhoffen. Obwohl das, was wir veranstaltet hatten, ja nicht einmal der berühmte Tropfen auf den heißen Stein war. Und dennoch – es war eben das, was in unseren Möglichkeiten und uns am Herzen lag: nicht nur über den Klimawandel zu reden, sondern auch inhaltlich etwas dagegen zu tun.

Letztendlich bedurfte es eines jungen schwedischen Mädchens namens Greta Thunberg, um die »Revolution« in Gang zu setzen. Mit ihrem handgemalten Schild »Skolstrejk för Klimatet« saß sie monatelang freitags vor dem schwedischen Parlament und protestierte gegen die Unfähigkeit der Politik, etwas gegen den Klimawandel zu unternehmen. Die Fridays-for-Future-Bewegung war geboren. Der Vergleich zu der 68er-Studentenbewegung ist nicht aus der Luft gegriffen. Wie damals ist auch diese Bewegung überparteilich und polarisierend. Und ähnlich wie in den 68ern, als sich die Politiker despektierlich über die »zotteligen, langhaarigen Studienschwänzer« ausließen, gab es auch jüngst Stimmen wie etwa »die Schüler sollten mal gefälligst in den Unterricht gehen und das Problem den Profis überlassen«. Dabei waren es ja genau die vermeintlichen Profis, die durch ihre Untätigkeit und den Lobbyismus das Problem heraufbeschworen hatten. Als sie merkten, dass solche Äußerungen gar nicht gut ankamen, ruderten viele wieder schnell zurück. Aber es war mittlerweile so viel »Dampf im Kessel«, dass sich die Jugendlichen nicht durch ein paar beschwichtigende Sätze beruhigen ließen. Sie insistierten, demonstrierten, stellten Forderungen. Die jungen Leute sind bestens über die sozialen Medien vernetzt. Die Teilnehmerzahlen der Fridays-for-Future-Demos sprengten alle Erwartungen. Andere Gruppen schlossen sich dem Protest an: Scientists for Future, Parents for Future, ja selbst Omas for Future – die jungen Leute waren nicht allein unterwegs und sind es zum Glück bis heute nicht. Greta polarisiert. Als der Segelprofi Boris Herrmann Greta mit seiner Rennyacht MALIZIA II emissionsfrei über den Atlantik nach New

York segelte, erntete er einen Shitstorm der Extraklasse. Greta war zwar wunschgemäß emissionsfrei über den Ozean gekommen, aber Teile des Teams – Herrmann selbst auch – flogen zurück nach Europa. Das war vielen, die ein Haar in der Suppe suchten, Anlass genug, sich zu ereifern. Endlich hatten sie den Sündenbock ausgemacht. Boris Herrmann reagierte betroffen, aber besonnen: Sie – die Mannschaft um die Yacht MALIZA – würden ein Rennteam bilden und hätten lediglich den Transport von Greta übernommen, für die Herrmann im Übrigen nur lobende Worte hatte. »Wenn ich als Vegetarier mit einem Taxi fahre, frage ich den Taxifahrer schließlich auch nicht, ob er vorher ein Steak gegessen hat«, konterte Herrmann.

In Treffen mit hochrangigen Politikern begegnen die jungen Aktivisten diesen mit einer erfrischenden Respektlosigkeit – ohne dabei unhöflich zu sein. Sie, die Jugendlichen, lassen sich nur nicht durch schön klingende, aber inhaltsleere Worthülsen hinhalten. Sie widersprechen. Politisches Taktieren fruchtet bei ihnen nicht.

ES IST DAS RECHT DER JUGEND, EHRGEIZIGE, VIELLEICHT SOGAR UNREALISTISCHE FORDERUNGEN AUFZUSTELLEN, UND ES IST DAS RECHT UND DIE PFLICHT ALLER BÜRGER, DIE VON IHNEN GEWÄHLTEN POLITIKER AN IHREN TATEN ZU MESSEN. NUR HABEN VIELE DIES MIT DEM ÄLTERWERDEN VERGESSEN. UMSO BESSER, WENN UNS DIE JUGEND DARAN ERINNERT!

Nachdenkliche Gesichter während eines unserer Jugendcamps.

___ Bei unserer Rückkehr von der Expedition Ocean Change werden wir im Hamburger
Hafen von einer Delegation der Fridays-for-Future-Bewegung empfangen.

___ Der Extremsegler Boris Herrmann hält die Laudatio bei der Verleihung des
Seadevcon-Preises. Herrmann ist selbst engagierter Umweltaktivist.

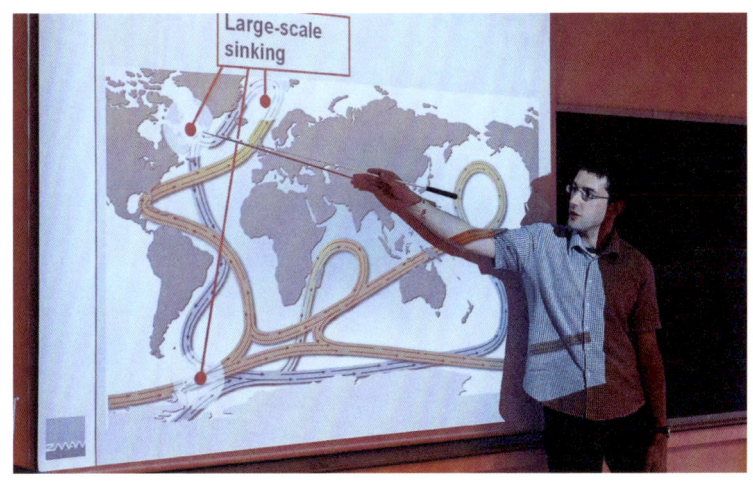

___ Dr. Dirk Notz, Professor an der Uni Hamburg und Mitbegründer des I.C.E.-
Jugendcamps, hält ehrenamtlich Vorlesungen für die jugendlichen Teilnehmer.

___ Natur sinnlich erfassen. Nach der Theorie geht es nach draußen, um die Natur
physisch und sinnlich zu erfahren. Einige der internationalen Teilnehmer haben nie
zuvor einen so blauen klaren Himmel gesehen.

06

_ LAND UNTER

Man braucht heute nicht mehr nach Grönland zu fahren,
um die Auswirkungen des Klimawandels zu erfahren. Auch vor
unserer Haustür sind die Folgen bereits spürbar geworden

Ein junger Eisbär schwimmt neugierig um unser Schiff, während wir vor Anker liegen. Es sind Augenblicke wie diese, die mich immer wieder anrühren.

Meine Großeltern lebten in Westerland auf der Insel Sylt. So lag es nahe, dass wir als Kinder unsere Sommerferien regelmäßig auf der Insel verbrachten. Ich liebte das. Die Dünen, das glitzernde Meer, der scheinbar endlose Horizont, der salzige Geruch der Nordsee, die gelegentlich auftretenden heftigen, in meiner Wahrnehmung entfesselten Stürme. Hier, am Strand von Westerland, wurde der Grundstein für meine Hingabe zum Meer gelegt. Der Traum vom eigenen Boot und die Sehnsucht, hinter den Horizont zu reisen. Stundenlang stand ich als Knirps am Strand und baute Sandburgen, um der auflaufenden Flut zu trotzen. Je höher das Wasser stieg, desto zerstörerischer die einzelnen Wellen und umso eifriger meine Bemühungen, diese vor dem Hochwasser zu schützen. Die Wellen der steigenden Flut umspülten meine Burg und trugen beim Rückfluten den von mir mühsam aufgehäuften Sand in Windeseile mit sich zurück ins Meer. Schließlich, nach nur kurzer Zeit, brachten sie mein ehrgeiziges Bollwerk vollends zum Einsturz. Kurz darauf war alles in den Fluten verschwunden. Resigniert zog ich mit meiner Schaufel ab – wenn auch mit dem festen Vorsatz, am nächsten Tag eine noch widerstandsfähigere Burg zu bauen. Das Resultat war immer das gleiche. Ich verlor die Schlacht gegen die Flut in schöner Regelmäßigkeit.

Dieses kindliche Dilemma spielt sich heute an der Nordseeküste in ganz anderen Dimensionen und mit einer vollendeten Ernsthaftigkeit ab.

Den Begriff »Klimadeich« gab es bis vor ein paar Jahren bei uns noch nicht. Es war halt »der« Deich, der die Sturmfluten abhalten sollte. Die Sturmfluten aber laufen immer höher auf. Das bedeutet, dass die Deichkronen erhöht werden müssen, sofern das statisch überhaupt möglich ist. Neue Deichkonzepte werden entwickelt und umgesetzt. Wer an die nordfriesische Küste fährt, wird überrascht sein, welche umfangreichen Baumaßnahmen dort in Sachen Deichbau und Küstenschutz durchgeführt werden.

Der Weltklimarat geht davon aus, dass der Meeresspiegel in diesem Jahrhundert um etwa einen Meter ansteigen wird. Bislang war man davon ausgegangen, dass er in diesem Zeitraum um maximal 80 Zentimeter steigen wird – was auch schon enorm viel ist. Diese Prognose hat man zwischenzeitlich nach oben korrigiert. Zum Vergleich: Im vergangenen Jahrhundert stieg das Meer um 20 Zentimeter. Ein Viertel bis ein Fünftel so viel, wie jetzt prognostiziert. »Der aktuelle IPCC-Bericht bestätigt unsere schlimmsten Befürchtungen«, bilanzierte Schleswig-Holsteins Umweltminister Jan Philipp Albrecht im September 2019. »Klimawandel und Erderwärmung schritten dramatisch voran und ließen den Meeresspiegel noch deutlicher ansteigen.« Und weiter heißt es: »Mit dem derzeitigen Klimazuschlag und dem Konzept des Klimadeiches ist das Land in der Lage, die Küsten auch bei einem Meeresspiegelanstieg von bis zu zwei Metern gegen Sturmfluten zu schützen. Die Sturmflutsicherheit an unseren Küsten ist nach derzeitigem Stand bis zum Ende des Jahrhunderts gewährleistet.«[5]

Also alles gut? Wir verstärken einfach die Deiche ein wenig, flachen sie auf der Seeseite weiter ab, erhöhen die Deichkrone und verbreitern sie von 2,5 auf fünf Meter, sodass man später bei Bedarf noch mal aufsatteln kann. Man spricht von »Baureserve«. Jährlich investiert das Land Schleswig-Holstein zwischen 70 und 80 Millionen Euro in den Küstenschutz. Und das ist nur *ein* Bundesland. Hamburg, Niedersachsen und Bremen investieren ebenfalls in den Hochwasserschutz. Im Fall Bremens und Niedersachsens mal eben 670 Millionen Euro, um die Deichkrone

um einen Meter zu erhöhen. Minister Albrecht: »Die erwarteten Mehr-
belastungen werden in den kommenden Jahren einen erhöhten perso-
nellen und finanziellen Aufwand bedeuten.«[6]

Aber was ist mit den Inseln und den hochwassergefährdeten Halligen? Man »warftet« auf, wie es so schön heißt. Die Häuser der Halligen
stehen auf aufgeschütteten Erdhügeln – sogenannten Warften –, die bei
Sturm und Hochwasser aus dem aufgewühlten Meer ragen. »Land unter«
nennt man die Situation, wenn nur noch die Häuser aus dem Wasser ragen. Eine Besonderheit, die es in dieser Form weltweit nur an der nordfriesischen Küste gibt. Das Wattenmeer gehört zum Weltnaturerbe der
UNESCO. Das Wasser aber rückt immer näher. Wie auch die Deiche
müssen die Warften erhöht werden, um dem steigenden Meeresspiegel
widerstehen zu können. Inseln und Halligen sind ein wichtiger Bestandteil des Küstenschutzes. »Früher«, so erzählte mir ein Küstenbewohner,
»haben sich die Halligbewohner bei Sturmfluten zum Schlafen hinge-
legt, wenn der höchste Wasserstand erreicht war. Wir wussten, dass das
Wasser jetzt wieder ablaufen würde.« Diese Gelassenheit ist verloren gegangen. Doch es geht ja nicht nur um die Haltung einiger eher weniger
Halligbewohner. Nein: Würden die Halligen, Inseln und Sände im Meer
verschwinden, wäre die norddeutsche Küste der Nordsee ungeschützt
ausgesetzt, was unweigerlich zu weiteren Landverlusten führen würde.

Eine Insel wie Pellworm beispielsweise liegt an ihrem tiefsten Punkt
einen Meter unter dem Meeresspiegel. Anders als die benachbarten

— **WISSENSCHAFTLER PROGNOSTIZIEREN BIS ZUM
ENDE DIESES JAHRHUNDERTS EINEN ANSTIEG
DES MEERESSPIEGELS UM BIS ZU EINEN METER**

nordfriesischen Inseln hat Pellworm keine vorgelagerten Sände, die
Schutz bei Sturmfluten bieten. Pellworm ist eingedeicht. Die derzei-
tige Deichkrone wird bei einem Meeresspiegelanstieg von einem Meter vermutlich nicht ausreichen. Die Deiche würden bei einer Sturmflut
überflutet, und die Insel würde volllaufen wie eine Badewanne. Nur der
Abfluss fehlt!

Die Insel Sylt wehrt sich seit Jahrzehnten gegen den Küstenverlust
durch jährlich stattfindende Sandaufspülungen. Jedes Jahr werden etwa
1,2 Millionen Quadratmeter Sand aufgespült – Kostenpunkt: 6,5 Millionen Euro. Langfristiger Erfolg: fraglich. So hat der Orkan Sabine im
Februar 2020 ausgereicht, um nahezu die gesamten vorausgegangenen
Sandvorspülungen wieder abzutragen. Auch Amrum verzeichnet Sand-
verlust auf dem breiten Kniepsand. Wangerooge an der ostfriesischen
Küste beklagt den gesamten Strandverlust. Der Klimawandel ist längst
an der deutschen Küste angelangt. Die Kosten für die erforderlichen
Schutzmaßnahmen steigen weiterhin enorm an.

Aber auch an der Ostsee sorgt man sich. Dort hat man zwar keine
Gezeiten wie in der Nordsee, und die Weststürme drängen das Wasser
eher von den Küsten fort. Aus diesem Grund gibt es auch keine gewach-
senen Deichschutzstrukturen. Aber irgendwann schwappt das Wasser
nach vorausgegangenen Weststürmen wieder zurück. Der Wasserspiegel
steigt auch hier. Das öffnet der Erosion Tür und Tor. Die ungeschützten
Steilküsten bröckeln und brechen ab, die für den Tourismus so wichtigen
Sandstrände versinken im Meer oder werden abgetragen.

Während Deutschland und sicher auch die benachbarten Nieder-
länder – seit jeher die Experten im Hochwasserschutz schlechthin – über
die finanziellen Möglichkeiten verfügen, zumindest für die nächsten
Jahrzehnte geeignete Schutzmaßnahmen durchzuführen, geht es anderen Ländern schlechter. Bangladesch etwa. Ein Land, halb so groß wie
die Bundesrepublik, aber mit 160 Millionen Menschen fast doppelt so
dicht bevölkert. Das Land verfügt über eine flache und ausgesetzte Küs-
tenlinie. Es wird zudem von zahlreichen Flusssystemen durchzogen, unter anderem dem Ganges, dem Brahmaputra und der Meghna. In diesen

Flussdeltas wurden nach niederländischem Vorbild sogenannte Polder –
künstliche Inseln – gebaut. Rund 6.000 Kilometer Deiche wurden im
Lauf der Jahre errichtet. Aber dem steigenden Meeresspiegel werden sie
auf Dauer nicht standhalten. Bangladesch ist ein armes Land. Die Bö-
den versalzen, die Lebensgrundlage für die acht Millionen Bewohner der
Polder schwindet. In der Folge ziehen die Menschen in die Peripherie
der großen Städte und enden in den Slums. So könnte man die Beispiele endlos fortführen. Marokkos Oasen
trocknen aus, es regnet kaum noch. 40 Prozent der Marokkaner sind
Bauern und auf Regen angewiesen. Auch der Mittelmeerraum wird immer trockener, Trinkwasser wird knapp. Der einst 25.000 Quadratkilometer umfassende Tschadsee in Zentralafrika ist um 90 Prozent auf
lediglich 2.500 Quadratkilometer geschrumpft. Diejenigen, die vom
See lebten – und das sind die meisten Menschen –, verarmen. Terror-
gruppen wie Boko Haram terrorisieren die ohnehin gedemütigten und
verzweifelten Menschen.

Mali zählt zu den ärmsten Ländern der Welt. Die Pro-Kopf-CO_2-
Emissionen betragen in Mali gerade einmal 0,06 Tonnen. Zum Vergleich: Wir Deutschen emittieren ca. 9,6 Tonnen. Oder ein anderer
Vergleich: das Scheichtum Katar sogar über 40 Tonnen pro Kopf der
Bevölkerung. Das ist der weltweit höchste Emittent. Man wird Mali
schwerlich vorwerfen können, für die Klimaerwärmung verantwortlich
zu sein. Es gehört allerdings zu jenen Ländern, die die Auswirkungen
als Erste zu spüren bekommen.

Die Diskussion um den Klimawandel bzw. dessen Ursachen wird häufig nicht ehrlich geführt oder auch bewusst verfälscht, um wie die AfD
politisches Kapital daraus zu schöpfen.»Lass doch erst einmal die anderen machen!«»Deutschland nimmt doch nur ein Prozent der Weltbevölkerung ein – warum sollen wir denn ausgerechnet mit dem Klimaschutz und der Energiewende so rasant voranschreiten?« Ein viel
gehörtes Argument – nur leider in diesem Zusammenhang nicht richtig. Ein Prozent der Weltbevölkerung stimmt, aber wir sind immerhin

verantwortlich für zwei Prozent der weltweiten CO_2-Emissionen. Auch das Argument, dass es doch wenig Sinn ergibt, wenn wir die Vorreiterrolle einnehmen und unsere konventionellen Kraftwerke zurückfahren, während in China neue ans Netz gehen, verfängt nicht. Die Chinesen liegen immer noch bei rund acht Tonnen CO_2 pro Kopf, bei den Indern sind es lediglich zwei Tonnen.[7] Hier wie dort hat man die Zeichen der Zeit gesehen. Die reichen Industrienationen, die den Klimawandel ausgelöst haben, stehen aber zuallererst in der Verantwortung. Es gilt das Verursacherprinzip. Gleichwohl muss man Länder dazu bewegen, ihre Emissionen zu senken. Bei einem US-Präsidenten Donald Trump wird es schwer werden, genauso wie bei Herrn Bolsonaro in Brasilien oder Herrn Morrison in Australien. Ich habe auch keine Lösung parat, wie man das Problem bilateral und multilateral lösen kann, aber anfangen müssen wir trotzdem.

DIE GRÖSSTE GEFAHR BESTEHT DARIN ZU GLAUBEN, DASS JEMAND ANDERES DAS PROBLEM LÖSEN WIRD.

Anhand alter Fotografien können wir den dramatischen Rückgang der Gletscher Ostgrönlands gut dokumentieren.

Die DAGMAR AAEN im Skjoldungen-Fjord in Ostgrönland.
Die Gletscher werden von dem grönländischen Inlandeis gespeist.

Extremwettergeschehnisse nehmen spürbar zu. Die Wirbelstürme werden immer heftiger, und damit nimmt der Schaden, den sie anrichten, immer größere Ausmaße an.

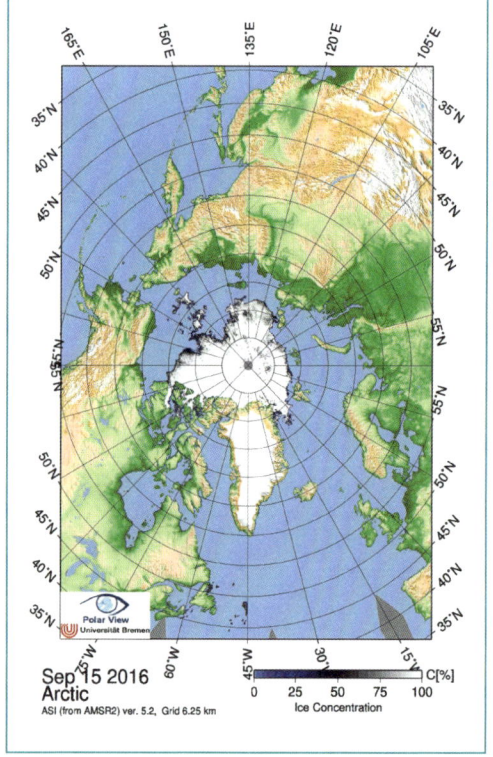

Die Eiskarte zeigt den Arktischen Ozean im September 2016. Nicht nur die flächenmäßige Ausdehnung des polaren Eises wird weniger – auch die Stärke des Eises nimmt beständig ab.

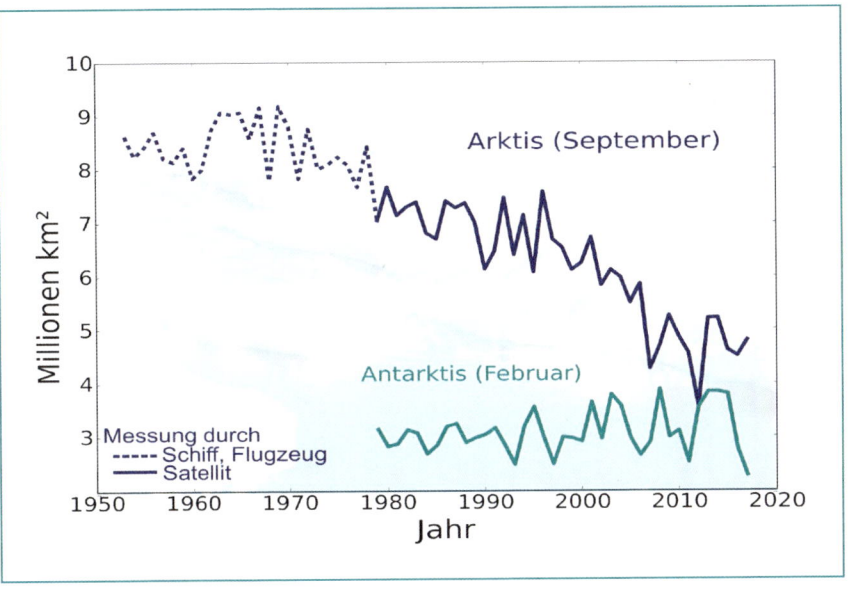

Anhand der Grafik lässt sich der Rückgang des Eises sowohl im arktischen wie auch im antarktischen Raum erkennen. Es ist kein linearer Prozess, aber die Tendenz ist eindeutig.

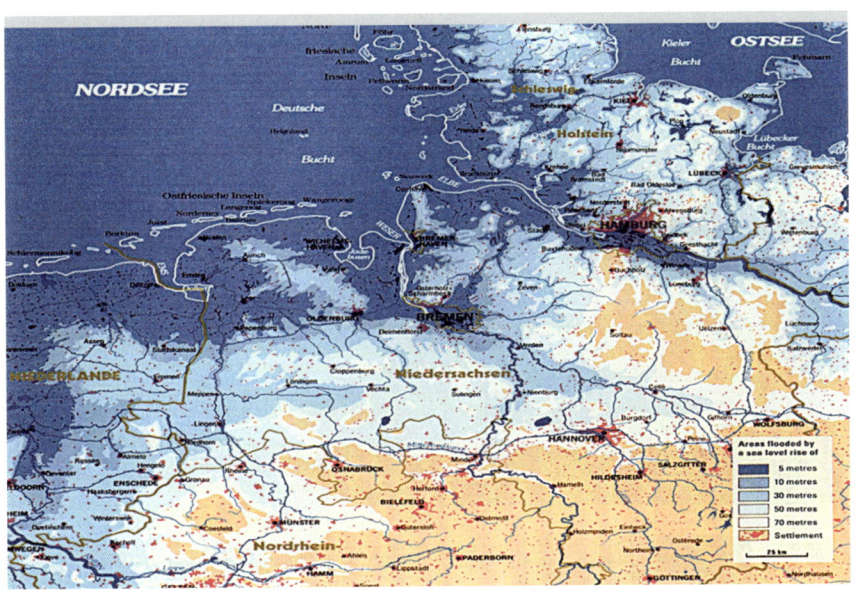

Diese Karte verdeutlicht die Auswirkungen des daraus resultierenden zu erwartenden Meeresspiegelanstiegs auf die norddeutsche und niederländische Küste.

»Gewissenlosigkeit ist nicht
Mangel des Gewissens, sondern
der Hang, sich an dessen Urteil
nicht zu kehren.«

Immanuel Kant

07

_ DER IRRGLAUBE

Es ist schlichtweg ein Offenbarungseid, den
die Europäische Union bezüglich des seit Jahren
ungelösten Flüchtlingsproblems abgibt

Ein überfülltes Schlauchboot mit verzweifelten Menschen an Bord.
Hilfsorganisationen, die diese Menschen vor dem Ertrinken retten
wollen, werden immer wieder Steine in den Weg gelegt, um sie an ihrer
humanitären Mission zu hindern.

Die Globalisierung fanden viele Politiker und Wirtschaftsbosse so lange toll, wie sie wirtschaftliche Vorteile mit sich brachte. Neue Märkte! Keine Zollschranken! Freier Handel! Globalisierung bedeutet aber nicht nur Vorteilnahme, sondern auch Verantwortung – Global Governance, wie es so schön heißt. Doch da hört der Spaß bei vielen auf. Plötzlich zieht man sich in das Schneckenhaus der nationalen Interessen zurück. Plötzlich ist die Rede von nationaler Identität, von Kulturraum und anderen Dingen mehr. Viktor Orbán, der Ministerpräsident von Ungarn, ist ein Meister dieser Rhetorik. Man möchte gern und ausgiebig an den Vorteilen einer EU partizipieren, aber bitte nicht das europäische Wertesystem übernehmen bzw. mit Inhalten füllen. Das Flüchtlingsproblem ist dafür das beste Beispiel. Es ist schlichtweg ein Offenbarungseid, den die Europäische Union dort abgibt. Seit Jahren ertrinken Menschen im Mittelmeer – Frauen und Männer, jung und alt, und natürlich Kinder. Als im März 2019 das norwegische Kreuzfahrtschiff VIKING STAR mit 1.373 Menschen an Bord, darunter 917 Passagiere, vor der norwegischen Küste in einem Sturm in Seenot geriet und das Schiff zu stranden drohte, lieferte das die Schlagzeile schlechthin. Keine Nachrichtensendung, die nicht ausführlich und detailliert über die drohende Katastrophe und die damit verbundene Rettungsaktion berichtet hätte. Weltweit wurde die Berichterstattung mit großer Betroffenheit und Mitgefühl verfolgt und die armen Menschen an Bord bedauert. Es gab spektakuläre Bilder von Helikoptern, die in der sturmgepeitschten See über dem havarierten Schiff hoverten und Passagiere wie Besatzungsmitglieder mit Seilwinden abbargen. Schließlich gelang es der Besatzung, die ausgefallene Maschinenanlage wieder zu starten und mit den verbliebenen Passagieren an Bord den Hafen von Molde anzulaufen. Die Havarie ging gerade noch einmal glimpflich aus – alle Menschen an Bord überlebten, wenn auch einige mit leichten Blessuren.

SZENENWECHSEL – DAS MITTELMEER

Wir sehen überfüllte Schlauchboote mit verzweifelten Menschen an Bord, die dem Elend ihres Herkunftslandes entfliehen möchten und sich eine neue und sichere Lebensperspektive erhoffen. »Wirtschaftsflüchtlinge« nennen sie die einen, den anderen ist es schlichtweg egal, warum und woher die Menschen kommen – Hauptsache, sie kommen gar nicht erst an in Europa. Schiffen von Hilfsorganisationen wird die Einfahrt in einen Hafen verwehrt, weil nach wie vor der Verbleib der Geretteten unter den europäischen Ländern nicht geregelt ist – eine diesbezügliche Einigung scheint unerreichbar. Kapitäne werden unter der behördlichen Anschuldigung der Schleuserei inhaftiert. Hilfsorganisationen, die mit als Sportboot registrierten Fahrzeugen vor Ort eine Art Monitoring betreiben und Flüchtlingsboote den Behörden melden, ohne selbst zu retten, wird durch eine vom Bundesverkehrsministerium getroffene Neudefinition des Begriffes »Sportboot« gewissermaßen die Legitimation entzogen, da sie plötzlich die Auflagen der gewerblichen Schifffahrt erfüllen müssen. Was aber in einigen Fällen nicht möglich ist. Ein Politikum. Ein Stück weiter werden die Leichen der Ertrunkenen angeschwemmt; jene Menschen, die nicht das Glück hatten, von einem der Schiffe der Hilfsorganisationen geborgen zu werden. Es wird mit zweierlei Maß gemessen. Das Leben des einen ist offenbar doch mehr wert als das des anderen, wenn es nicht ins politische Gesamtkonzept passt. Es lebe die Kleinstaaterei, jeder ist sich selbst der Nächste. Wer trotz allem überlebt, vegetiert unter den unwürdigsten Bedingungen in hoffnungslos überfüllten Flüchtlingscamps dahin. Kinder und Schwache sterben. Es ist mehr als empörend: Zunächst beuten die reichen Industrienationen die armen Entwicklungsländer aus, ohne ihnen wirklich eine wirtschaftliche Perspektive oder gar eine Wertschöpfungskette zu hinterlassen, und dann zerstören sie durch den von ihnen verursachten Klimawandel die ohnehin schwierige Lebensgrundlage der Menschen. Was bleibt den betroffenen Menschen anderes übrig, als ihre Heimat zu verlassen?

Auf dem Höhepunkt der Flüchtlingswelle im Jahr 2015 gab es in einigen Ländern, darunter Deutschland, die vielfach zitierte »Willkommenskultur«. Kleidersammlungen, Spenden, das Organisieren von Wohnunterkünften – der Staat, die Kommunen und die unglaublich vielen ehrenamtlichen Helfer ließen ein Bild von einer humanitären Gesellschaft entstehen. Da war ich stolz auf unser Land! Es war aber gleichzeitig auch die Geburtsstunde der Populisten. Von einer Islamisierung der Gesellschaft, einer kulturellen Unterwanderung, von kriminellen Elementen, die unsere Werte missachten, war plötzlich die Rede. Ängste wurden in der Bevölkerung gezielt geschürt.

Allen voran die AfD. Die Fraktionschefin der AfD, Alice Weidel, spricht 2018 von »Kopftuchmädchen und Messermännern«. Der Thüringer Landesvorsitzende der AfD, Björn Höcke, darf laut Gerichtsbeschluss öffentlich als »Faschist« bezeichnet werden und scheint sich daran nicht einmal sonderlich zu stören. Der rechte Flügel der AfD wird

— **DAS LEID DER EINEN IST DER GEWINN DER ANDEREN. DIE NOT DER FLÜCHTLINGE WIRD INSTRUMENTALISIERT, UM DARAUS POLITISCHEN NUTZEN ZU ZIEHEN UND UM IM RECHTEN SPEKTRUM NACH STIMMEN ZU FISCHEN**

vom Verfassungsschutz als rechtsextrem eingestuft und darf entsprechend beobachtet werden. Dabei haben Thüringen und Sachsen deutschlandweit am wenigsten Flüchtlinge aufnehmen müssen. Aber man nutzt die Gunst der Stunde. Das Leid der einen ist der Gewinn der anderen. Die AfD gewinnt an Einfluss und zieht in die Landesparlamente und den Bundestag ein. Der Ton verändert sich, ist menschenverachtend, zynisch und realitätsfern. Es passieren furchtbare Anschläge wie die Mordserie der NSU-Terroristen, das Attentat auf den Regierungspräsidenten Walter Lübcke, der Anschlag auf die Synagoge in Halle, die Morde in Hanau – was kommt als Nächstes? Es wird wider besseres Wissen argumentiert, aus politischem und taktischem Kalkül. Perfider geht es nicht! Der Nationalismus hat Hochkonjunktur. Das alles dient unter anderem dazu, die eigentlichen Ursachen des Migrationsproblems zu vernebeln. Ursache und Wirkung werden aus der politischen Diskussion ausgeblendet.

»Die Menschheit ist doch nur für zwei bis drei Prozent der CO_2-Emissionen weltweit verantwortlich«, hört man aus den Reihen der Klimaleugner. »Was kann das Wenige schon ausmachen?« Also alles nur Panikmache?

Es ist die scheinbar unendliche Diskussion – und ich habe sie einfach satt. Immer wieder bekomme ich Zuschriften von angeblichen Klimaexperten, die mich »bekehren« wollen. Obskure Verschwörungstheorien werden darin formuliert. Die Unterlagen erreichen mich per Mail, per Telefon mit unterdrückter Nummer oder postalisch in einem dicken Umschlag mit umfangreichen Ausdrucken aus dem Internet – meistens anonym, bisweilen auch mit dem Namen des Absenders. Die Tonalität der Anschreiben erinnert an einen Lehrer, der einen renitenten Schüler maßregelt – nach dem Motto: »Nun sieh doch endlich ein, dass du Unrecht hast!«

»Der Mensch ist doch nur für einen geringen Prozentsatz der CO_2-Emissionen verantwortlich, und das bisschen CO_2-Eintrag hat keinerlei Auswirkungen auf das Weltklima.«

— DIE KLIMALEUGNER STEHEN AUF IMMER EINSAMEREM POSTEN. DIE BEWEISLAGE IST SO EINDEUTIG, DASS AUCH DIE WIRTSCHAFT ZUNEHMEND AUF DIE VERÄNDERTEN RAHMENBEDINGUNGEN REAGIERT

Tatsächlich, wenn man bedenkt, dass 98 Prozent der CO_2-Emissionen zum natürlichen Zyklus der Natur gehören, machen sich die anthropogenen zwei bis drei Prozent vergleichsweise banal aus. Aber die Natur hat den biologischen Kohlenstoffkreislauf genau eingerichtet. Da es sich um ein geschlossenes System handelt, bleibt es so lange stabil, wie sich die Gewichtung der Zutaten nicht verändert. Eine Prise Salz zu viel in einem angerührten Brotteig mag im Masseverhältnis des Teigs gering erscheinen, kann das Brot aber ungenießbar machen und damit ruinieren. Ein anderes Beispiel:

Würde man in einen geschlossenen Raum, in dem sich Menschen aufhalten, langsam, aber beständig Kohlenmonoxid einleiten, würden irgendwann alle im Raum befindlichen Menschen müde werden. Wenn nicht jemand rechtzeitig das Fenster öffnet, um zu lüften, würden alle im Raum befindlichen Personen an einer Kohlenmonoxidvergiftung sterben. Dabei findet sich Kohlenmonoxid in einer notwendigen Konzentration überall in der Natur wieder. Wenn ich lange genug etwas einleite, wird es toxisch oder – um beim Klima zu bleiben – wärmer. Das CO_2 ist unstrittig ein Treibhausgas und legt sich wie eine Glocke in der Atmosphäre um die Erde. Ich bin kein Physiker, aber die kausalen Zusammenhänge zwischen dem ansteigenden CO_2-Gehalt in der Atmosphäre und dem Klimawandel sind unter Wissenschaftlern unstrittig – und auch für jeden von uns leicht nachvollziehbar.

Auf dem Vulkan Mauna Loa auf Hawaii gibt es in rund 4.000 Meter Höhe ein Observatorium, das seit 1958 den CO_2-Gehalt in der

Atmosphäre misst. In all den vergangenen Jahrzehnten wurde die Messgenauigkeit verbessert und die Kontinuität der Messungen beibehalten. Diese Messungen ermöglichen es, den anthropogenen Anteil der in der Atmosphäre verbleibenden CO_2-Emissionen herauszurechnen. Die CO_2-Konzentration wird in ppm (Parts per Million) gemessen. In den 60er-Jahren betrug die Konzentration 285 ppm, heute liegt sie bei etwa 420 ppm – und ist stets kontinuierlich angestiegen. Während der letzten 800.000 Jahre war die Konzentration von Kohlendioxid in der Erdatmosphäre nie größer als 300 ppm.

»Aber Klimaänderungen hat es doch immer gegeben« ist, bezogen auf diese Schwankungen, ein nach wie vor oft gehörter Einwand. Richtig! Die natürlichen Mechanismen sind schließlich auch nicht außer Kraft gesetzt. Sie wirken weiterhin. Nur satteln wir Menschen kräftig drauf und verändern damit die Naturabläufe in einer Art, dass Flora und Fauna nicht mehr auf die Veränderungen reagieren bzw. mit ihnen Schritt halten können. Und im Übrigen bedeuten die Schwankungen ja nicht, dass die früheren Klimaveränderungen das Leben auf der Erde einfacher gemacht hätten. Bei den Dinosauriern beispielsweise hat eine Naturkatastrophe vor rund 60 Millionen Jahren zum Aussterben der gesamten Art geführt. Es stellt sich also vielmehr die Frage, ob der Klimawandel im Interesse von uns Menschen liegt; und diese Frage kann mit einem deutlichen »Nein« beantwortet werden – im Gegenteil: Er birgt letztlich nur Nachteile.

Größtes Problem: Die Erde wird ihren Wärmeüberschuss nicht mehr los. Im antarktischen Sommer 2019/2020 wurden auf dem Südkontinent über plus 20 °C gemessen – der höchste jemals beobachtete Wert. Die Meere und die Polkappen erwärmen sich, was wiederum zur Eisschmelze führt. Das Eis ist aber nicht einfach nur »nice to have«, sondern ein wichtiges Regulativ. So, wie die Thermostatventile an den Heizkörpern bei uns zu Hause die Zimmertemperatur auf einem bestimmten Niveau halten, sorgt das Eis mit seiner Reflexionsfläche dafür, dass über 90 Prozent der Sonnenenergie ins All reflektiert werden. Damit bleibt die Temperatur jahreszeitlich bedingt konstant. Das Spiegelverhalten des

EIS IST NICHT EINFACH NUR »NICE TO HAVE« – ES IST EIN WICHTIGES REGULATIV. DIE POLKAPPEN REFLEKTIEREN CIRCA 90 PROZENT DER SONNENENERGIE ZURÜCK INS ALL UND SORGEN DAMIT FÜR EINE KONSTANTE TEMPERATUR

Eises verhindert also eine Erwärmung der Erdoberfläche. Man spricht von Albedo, dem Abstrahlungsvermögen der Erdoberfläche. Schwindet das Eis, schwindet auch die Reflexionsfläche, und es treten statt heller Eis- und Schneegebiete dunkle Flächen zutage wie das eisfreie Meer oder das dunkle Land. Wissenschaftlern sind die atmosphärischen Zusammenhänge schon seit mehr als 30 Jahren bekannt, und es herrscht ein weltweiter Konsens unter den Klimaforschern, dass die zunehmenden CO_2-Emissionen ursächlich daran die Schuld tragen.

Es ist ein Irrglaube anzunehmen, dass ein »Weiter so wie bisher« eine Option wäre. Das ist mittlerweile auch bei vielen politischen Parteien und Repräsentanten der Wirtschaftsunternehmen angekommen. Auch wenn es immer noch Klimaleugner gibt, die behaupten, dass CO_2 keine Auswirkungen auf das Klimageschehen habe – die Faktenlage ist so eindeutig und erdrückend, dass derjenige, der lautere Absichten verfolgt, nicht umhinkann, sie zu akzeptieren.

Man mag Larry Fink, dem Chef des weltweit größten Vermögensverwaltungsunternehmens namens Blackrock vieles unterstellen – sicher aber nicht, dass das Unternehmen und sein Chef sich durch Umweltschutzaktivitäten hervorgetan hätten. Knapp sieben Billionen Dollar verwaltet das Unternehmen – etwa doppelt so viel wie die jährliche Wirtschaftsleistung der Bundesrepublik. Statt besonders umweltfreundlicher Investmentpolitik bilden die fossilen Brennstoffe – allen voran

Kohle – einen Großteil des investierten Unternehmenskapitals. Pünktlich zum Weltwirtschaftsforum in Davos im Januar 2020 hat Fink nun jedoch einen Brief an die Finanzwelt geschrieben, der wie ein Blitz aus heiterem Himmel dort eingeschlagen haben muss. Bis 2025 werde sich Blackrock sukzessive aus dem Geschäft mit den fossilen Brennstoffen zurückziehen, so Fink. Stattdessen werde man in nachhaltige Anlagen investieren. Von Aufsichtsräten und Vorständen großer Konzerne forderte Fink Transparenz zu Nachhaltigkeitskonzepten ein. Woher der Sinneswandel, fragen Sie? Nun, das sind keineswegs die Visionen eines Ökofreaks, sondern die eines knallharten Finanzmagnaten, der offenbar die Zeichen der Zeit erkannt hat. In seinem Brief an die Finanzwelt fand Fink deutliche Worte: »Der Klimawandel ist zum entscheidenden Faktor für die langfristigen Aussichten von Unternehmen geworden.« »Blackrock«, so Fink, »wird Klimaschutz künftig zum Kern der Unternehmenspolitik machen. Konzernchefs, die weiter unverdrossen auf fossile Energien und klimaschädliche Produkte setzen, haben mit erheblichem Gegenwind zu rechnen.«[8]

Es stimmt: Klimaschutz ist eine wahre Herkulesaufgabe. Ohne das Einschwenken der Wirtschaft wird es nicht gelingen, das Ruder herumzureißen. Die Signalwirkung, die von diesem einen Brief ausging, dürfte immens sein. Zumal Blackrock nicht allein mit einer derart deutlichen Positionierung dasteht. Die weltweit operierende Unternehmensberatung McKinsey hat sich kurz darauf ganz ähnlich geäußert.[9]

WIRTSCHAFT PRO KLIMA – NUR SO WERDEN WIR DIE ENERGIEWENDE SCHAFFEN.

___ Sehen so Wirtschaftsflüchtlinge aus?

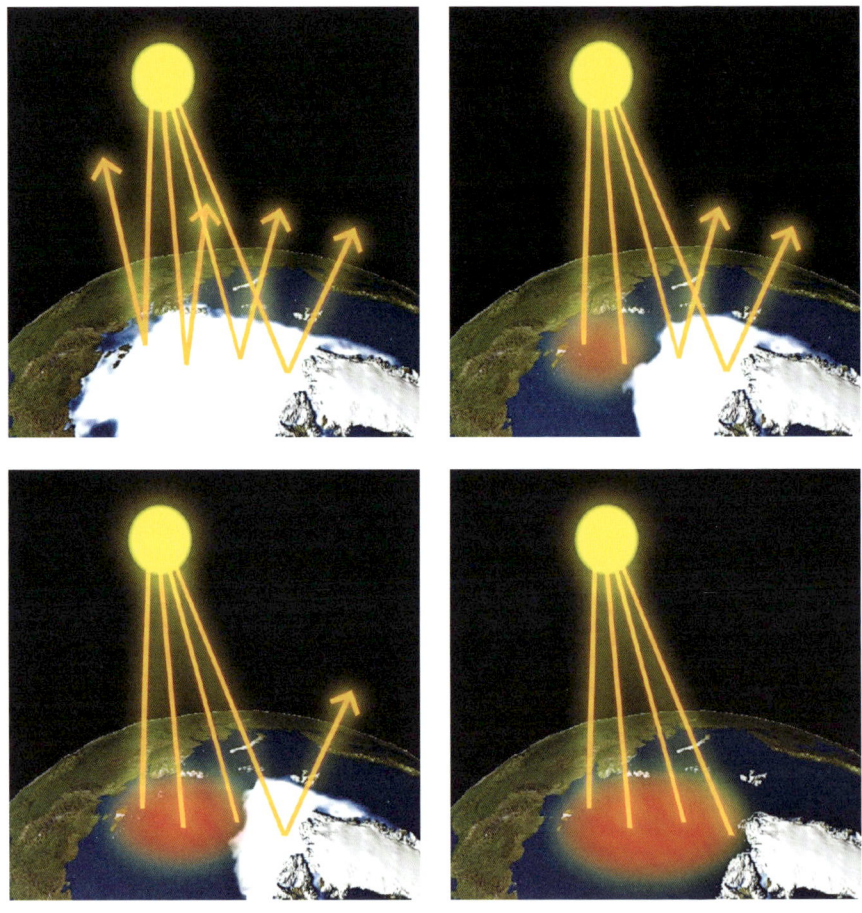

Das polare Eis reflektiert die Sonnenenergie zurück ins All. Je weniger Eis, desto weniger verfügbare Reflektionsfläche, desto wärmer werden Land und Meer. Ein Teufelskreis.

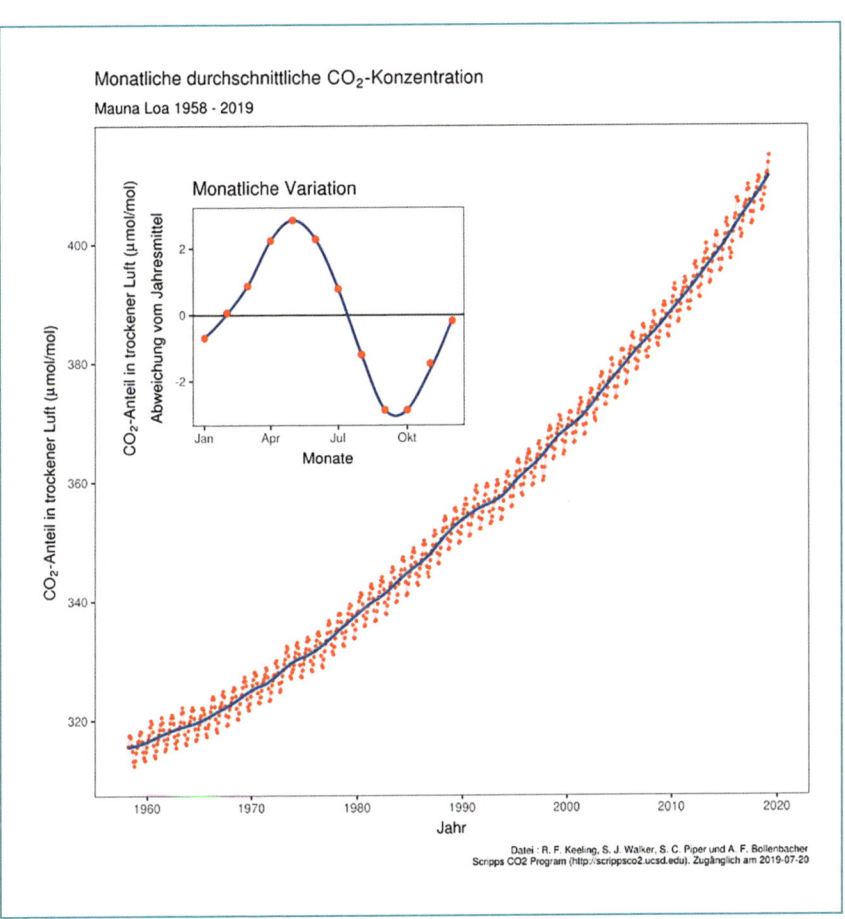

Monatliche durchschnittliche CO₂-Konzentration

Mauna Loa 1958 - 2019

Datei : R. F. Keeling, S. J. Walker, S. C. Piper und A. F. Bollenbacher
Scripps CO2 Program (http://scrippsco2.ucsd.edu). Zugänglich am 2019-07-20

Die Grafik verdeutlicht den CO_2-Anstieg in der Atmosphäre in ppm (parts per million). Gemessen wurde vom Observatorium auf dem Mauna Loa auf Hawaii, wo die Messungen seit den 1950er-Jahren kontinuierlich durchgeführt werden.

»Wir löschen die Daten
der Natur unwiederbringlich
von der Festplatte.«

Sigmar Gabriel, 2008

DAS SECHSTE MASSENSTERBEN

Der Klimawandel verändert die Lebensbedingungen auf der Erde in einem Tempo, dass die Evolution nicht Schritt halten kann. So kommt es zu einem weiteren Massensterben – dem sechsten, soweit in der Geschichte unseres Planeten bekannt

___ Ein Ausdruck schierer Kraft und Lebensfreude. Ein Buckelwal katapultiert
seine 20 Tonnen Lebendgewicht immer und immer wieder aus dem Wasser.

Der Tyrannosaurus Rex und seine Artgenossen mögen verwundert in den Himmel geblickt haben, als sich ein riesiger, feuerrot glühender Ball der Erdoberfläche näherte. Ob sie das als Bedrohung wahrgenommen haben oder es ihnen gleichgültig war, werden wir nie erfahren. Als sie die Gefahr erkannten, war es jedenfalls zu spät. Sie hätten ohnehin nichts machen können.

Die Sprengkraft des zehn Kilometer großen Meteoriten schuf einen Krater mit einem Durchmesser von 180 Kilometern. Zeitgleich entzündete sich noch Tausende Kilometer vom Einschlagsort entfernt die Vegetation. Ungeheure Mengen Staub und Asche verdunkelten den Himmel. Fotosynthese fand kaum noch statt, die Erde kühlte sich nach der Feuersbrunst abrupt ab – man spricht von einem »Impaktwinter«.

Gigantische Tsunamis zogen über Küsten und Weltmeere, es muss ein wahrhaft infernalisches Szenario gewesen sein. Der Aufprall entsprach etwa der Sprengkraft von zehn Millionen Hiroshima-Bomben. Es wird vermutet, dass etwa 70 Prozent der gesamten Tierpopulation und Pflanzenarten von der Erdoberfläche verschwanden, darunter der größte Teil aller Landtiere. Diese Katastrophe ging als das fünfte Massensterben in die Geschichte ein.

So what? Warum regen wir uns also auf? Naturkatastrophen, Massensterben, Evolution gehören doch offensichtlich einfach dazu.

Genau das ist die Beruhigungspille, die wir gern bereit sind zu schlucken.

Das Leben auf der Erde ist schätzungsweise 700 Millionen Jahre alt. Aufgrund von Klimaveränderungen, Naturkatastrophen und anderer Umstände ist es immer wieder zu Massensterben gekommen. In einem stabilen Ökosystem halten sich Arten zwischen einer und zehn Millionen Jahre. Danach verschwinden sie wieder. Einige Arten wie etwa der Quastenflosser oder Krokodile haben es sogar deutlich länger ausgehalten – wahre Überlebenskünstler.

Naturkatastrophen vom Kaliber eines Meteoriteneinschlags wie dem in Yucatán können wir weder beeinflussen noch verhindern. Wenn so etwas das nächste Mal passiert, werden wir ein gewaltiges Problem haben. Was wir aber beeinflussen können, sind selbst gemachte Katastrophen. Alles hängt mit allem zusammen! Der Klimawandel verändert die Lebensbedingungen auf der Erde in einem Tempo, mit dem die Evolution nicht mithalten kann. Allein durch den Klimawandel, so vermuten Wissenschaftler, werden etwa 20 bis 30 Prozent der heute bekannten Arten aussterben.

Das Alarmierende bei dem aktuellen »sechsten Massensterben« ist nämlich der Umstand, dass nicht natürliche Ursachen dafür verantwortlich sind, sondern wir Menschen. Wir verändern das Gleichgewicht und damit die Ökosysteme. Die über Jahrmillionen entstandenen Kohleflöze und das Erdöl wurden in der Erde eingelagert und verpresst und damit dem natürlichen Kreislauf entzogen. Indem wir beides als Energieträger ausgraben, abbauen bzw. fördern, um es dann zu verbrennen, stören wir das Gleichgewicht durch die dabei entstehenden Kohlendioxidemissionen empfindlich.

— **MIT NATÜRLICHEN UMSTÄNDEN IST WEDER DER KLIMAWANDEL NOCH DAS AKTUELLE MASSENSTERBEN ZU ERKLÄREN. DIE VERANTWORTUNG HIERFÜR TRAGEN WIR MENSCHEN**

Dabei stellt der Klimawandel trotz seiner Komplexität letztlich nur ein Problem von vielen dar. 83 Prozent der Erdoberfläche werden inzwischen auf irgendeine Art und Weise von uns Menschen genutzt. Wir dringen in immer entlegenere Regionen vor, zersiedeln die letzten Rückzugsgebiete von Tieren und Pflanzen. Durch das Einführen invasiver Arten, beispielsweise durch Ballastwasser von Containerschiffen, werden ortsansässige Arten verdrängt. Gewachsene Systeme werden in andere Lebensräume verschoben. Ein weiteres Problem ist die Landwirtschaft, insbesondere die Massentierhaltung sowie die intensive Düngung der Anbauflächen. Jeder Deutsche isst im Schnitt 60 Kilogramm Fleisch und Wurst im Jahr.[10] Hinzu kommen rund 120 Kilogramm Milch sowie Milchprodukte wie Käse und Butter. Kühe und Schafe produzieren in ihrem Verdauungstrakt große Mengen Methan, das ein etwa 25-mal so stark wirkendes Treibhausgas darstellt wie CO_2. Es ist also ein Irrglaube zu meinen, dass ich bei einer fleischlosen, aber milchproduktlastigen Ernährung das Klima schone. Milchkühe sind mit die Hauptemittenten bei der Methanproduktion. Hinzu kommt Lachgas, das unter anderem bei der Düngung der Felder freigesetzt wird und sogar 300-mal so stark wirkt wie CO_2. Zwar sinkt der Fleischkonsum seit Jahren, weil sich immer mehr Mensch bewusst ernähren, dabei zunehmend auf Fleisch verzichten und unter anderem auch vermehrt zu Bioprodukten greifen. Aber immer noch werden große Mengen Fleisch produziert, wovon ein nicht unerheblicher Teil in der Tonne landet, soll heißen: weggeworfen

— ES GIBT ZAHLREICHE SOGENANNTE »BEST PRACTICE«-PROJEKTE, DIE DEUTLICH MACHEN, DASS ES AUCH ANDERS GEHT. OB IM AGRARBEREICH, DER MOBILITÄT ODER DEM ENERGIESEKTOR - ES GIBT FÜR ALLES EINE LÖSUNG. WIR MÜSSEN ES NUR WOLLEN UND UMSETZEN

wird. Das Umweltbundesamt schätzt, dass bei der Produktion von einem Kilogramm Fleisch bis zu 28 Kilogramm Treibhausgase entstehen. Bei Obst und Gemüse sind es gerade einmal rund ein Kilogramm auf ein Kilogramm.

Weniger ist bisweilen mehr. Meine Frau und ich haben uns angewöhnt, Produkte aus der Region zu kaufen und auch deutlich weniger Fleisch zu essen. Wenn es Fleisch bei uns gibt, wissen wir in der Regel, woher es stammt, meist aus bäuerlichen Betrieben aus der Region.

Im Verlauf unserer Ocean-Change-Expedition haben wir ein interessantes Landwirtschaftsprojekt auf den Faröern besucht. Dieser aus 18 Inseln bestehende Archipel liegt abgelegen mitten im Nordatlantik zwischen Island, Norwegen und Schottland. Rund 50.000 Menschen – die Färinger – leben auf den Inseln verteilt, die durch Brücken oder Tunnel und Fähren miteinander verbunden sind. Landwirtschaftliche Produkte werden traditionell auf dem Seeweg eingeführt. Zumindest so lange, bis sich schließlich eine kleine Gruppe Färinger fragte, warum man eigentlich nicht selbst Obst und Gemüse anbauen könne, um damit Transportkosten einzusparen, aber auch die durch den Transport verursachte CO_2-Emissionen zu vermeiden. Auch die Überlegung, neue Jobs zu schaffen und die Inseln neu zu beleben, spielte eine entscheidende Rolle. Das »Sandur Veltan«-Projekt war geboren und wurde gemäß einem Genossenschaftsprinzip organisiert. Katrin Petersen ist die Initiatorin des Projektes. Bei einem Rundgang erläutert sie uns die Unternehmung:»Die Insel Sandur verfügt über einen vergleichsweise guten Boden. Deshalb wurde die Insel für das Pilotprojekt ausgewählt. Um möglichst ressourcenschonend vorzugehen, haben wir uns überlegt, woher wir kostengünstig das Material für den Bau von Gewächshäusern beziehen konnten. Ohne Gewächshäuser geht es in dem rauen Klima nicht. Unsere Wahl fiel auf ausgemusterte Fütterungsröhren aus schottischen Lachsfarmen. Diese Röhren sind flexibel, günstig zu haben und konnten zu Rundbögen geformt werden, über die wir wiederum Plastikfolien spannen konnten, die ebenfalls als Ausschussware zu haben waren. Die Idee ist, so viel altes Material zu verwenden, wie irgend möglich.« Nach dem Verkauf der Ernte erhält jedes Genossenschaftsmitglied zehn Prozent des Erlöses ausgezahlt, der Rest wird reinvestiert. Katrin erzählt uns, dass die Produkte eine hohe Akzeptanz und große Wertschätzung auf den Inseln erfahren. Die Qualität der vor Ort gezüchteten Tomaten und Salatköpfe ist sehr hoch, und sie werden daher trotz eines leicht höheren Preises gekauft. »Wir haben uns gefragt, warum wir nicht viel früher auf diese Idee gekommen sind«, erzählt Katrin bei der Verabschiedung.

Projekte wie das von Sandur Veltan sind Einzel- und Vorzeigeprojekte, die den weltweiten Nahrungsmittelbedarf natürlich nicht abdecken können. Trotzdem ist es wegweisend. Wir müssen umdenken und auch im großen Stil landwirtschaftliche Projekte gestalten, die den Anforderungen des Klima- und Umweltschutzes entsprechen.

Durch die derzeit in der Landwirtschaft verwendeten Pestizide vernichten wir dringend benötigte Insekten. Umweltverschmutzung, Plastikmüll, Überfischung und ganz besonders die Vernichtung der tropischen Regenwälder und der damit einhergehende Verlust von Lebensräumen führen, neben den zuvor genannten Ursachen, zu dem erneuten Massensterben. Mit einem normalen, natürlichen Zyklus hat das nichts zu tun. Es sind wir Menschen, die es generieren. Rund ein Drittel der ehemals vorhandenen Wälder haben wir über Jahrhunderte bereits vernichtet – und damit überlebenswichtige Natur- und Rückzugsräume von seltenen Tier- und Pflanzengattungen. Der Wilderei, der illegalen Jagd auf das sogenannte Buschfleisch, fallen jährlich Millionen Tiere zum Opfer. Bei der Feuersbrunst in Australien sind 2019/2020 rund zwölf Millionen Hektar Land verbrannt, gut 33-mal die Fläche Mallorcas – und mit ihm über eine Milliarde Tiere. Denjenigen unter ihnen, die überlebten, droht der Hungertod, weil sie keine Nahrung mehr finden. Auch 30 Menschen verloren ihr Leben.

Es sind eben nicht nur die Tiere und die Pflanzen von den Umwälzungen betroffen. Es betrifft in zunehmendem Maße auch den Lebensraum von uns Menschen. Die indigene Bevölkerung, die im und vom Wald lebt, verschwindet sang- und klanglos. Letztlich ein Völkermord, den die internationale Gemeinschaft stillschweigend hinnimmt.

DIE CORONAKRISE LEHRT UNS, DASS WIR NICHT SO UNVERWUNDBAR UND OMNIPOTENT SIND, WIE WIR GLAUBEN

Wir Menschen verändern ganze Ökosysteme und bringen uns damit selbst in Bedrängnis. Um noch einmal auf den Begriff der »Geografischen Ökumene« zurückzukommen, den ich zuvor eingebracht habe: Die Geografische Ökumene als vierte Säule der Nachhaltigkeit meint den landwirtschaftlich nutzbaren und bewohnbaren Teil der Erde. Und genau hier beißt sich die Katze in den Schwanz. Wir verbrauchen die Ressourcen der Natur mit dem Faktor 1,7 schneller, als diese nachliefern bzw. sich regenerieren kann. Damit sägen an wir an dem Ast, auf dem wir sitzen. Mit rationalen Überlegungen und gar dem Gedanken an Generationengerechtigkeit hat dies sicher nicht das Geringste zu tun.

Bei allem, was wir tun, gehen wir immer davon aus, dass ein »Weiter wie bisher« problemlos funktioniert. Naturkatastrophen wie etwa die Feuersbrünste in Australien, Brasilien oder auch den USA haben wir schlichtweg nicht auf der Agenda. Dabei sind die natürlichen Mechanismen der Natur nicht außer Kraft gesetzt – sie wirken weiter, ob es uns passt oder nicht. Katastrophen würden uns vermutlich völlig aus dem Gleichgewicht werfen. Wie sensibel das weltweite Wirtschaftsgefüge auf Krisen reagiert, verdeutlicht die Coronakrise. Ein bis dahin unbekanntes Virus legt innerhalb kürzester Zeit die Weltwirtschaft lahm und verursacht Kosten in bislang unvorstellbarer Höhe. Das Virus führte zu unzähligen Tragödien. Menschen sterben einsam auf Isolationsstationen, Ärzte mussten die furchtbare Entscheidung treffen, wer an den noch vorhandenen Beatmungsgeräten partizipieren darf und wer nicht. Angehörigen war es untersagt, Abschied zu nehmen, die Beisetzungen fanden – wie in Italien wegen Überlastung der Krematorien – irgendwo im Lande statt. Furchtbare Umstände.

Im Jahr 2008 haben sich vier internationale Organisationen zusammengeschlossen und ein Strategiepapier unter dem Arbeitstitel »Contributing to One World, One Health« entwickelt. Die mitwirkenden Organisationen waren keine »No Names«, sondern hochkarätig besetzt. Unter ihnen befanden sich die FAO (United Nations Food and Agriculture Organization), die OIE (World Organisation for Animal Health), die WHO (World Health Organization) sowie das Kinderhilfswerk UNICEF in Kooperation mit der Weltbank sowie der UNSIC (United Nations System Influenza Coordination). Hintergrund dieses auch in seiner Zusammensetzung ungewöhnlichen Arbeitskreises war die Sorge vor einer Verbreitung von Infektionskrankheiten, die an der Schnittstelle zwischen Massentierhaltung, Menschen und dem Ökosystem entstehen können, in dem wir alle leben. Das exponentielle Wachstum der Weltbevölkerung und die damit einhergehende Aufstockung der Nutztierhaltung sowie deren weltweite Handelsstrukturen und die parallel dazu stattfindende Vernichtung von Wäldern und Lebensräumen wurden und werden seitdem in einen kausalen Zusammenhang gebracht.

In eben jenem Jahr 2008 betrug die Zahl der Weltbevölkerung sechs Milliarden Menschen. Damals wurden 21 Milliarden Tiere für den menschlichen Konsum produziert. Im Jahr 2020, so rechnet man, wird dieser Bedarf um 50 Prozent zunehmen. Die übergeordnete Zielsetzung der »One World, One Health«-Arbeitsgemeinschaft ist es, ein »übergeordnetes strategisches Gerüst zu erstellen, um das Risiko von Krankheiten, die von Tieren auf Menschen übertragen werden (Zoonoses) und besonders jene, die ein pandemisches Potential haben, zu minimieren.«[11] Voilà!

— **BEI EINER STÄNDIG WACHSENDEN WELTBEVÖLKERUNG STEIGT DIE GEFAHR EINER PANDEMIE, DIE DURCH DEN VERZEHR VON TIEREN UND DIE DAMIT ÜBERTRAGENEN KRANKHEITSERREGER AUF DEN MENSCHEN HERVORGERUFEN WERDEN KANN**

Wie beim Klimawandel ist das Problem unter Fachleuten schon lange bekannt.

Und plötzlich ist das alles Realität und unsere Spezies von einer Pandemie erfasst. Wir sind nicht so unverwundbar, wie wir immer glauben. Ganz im Gegenteil. Dieses Virus hat uns deutlich vor Augen geführt, wie verletzlich wir sind. Das fängt schon bei den fehlenden Atemmasken und Schutzbekleidungen an. Und geht weiter mit unseren Wirtschaftssystemen, Transportwegen, dem gesamten sozialen und kulturellen Leben. Würde sich zu dieser Pandemie noch ein weiteres Problem dazugesellen, gewissermaßen aufsatteln, würde das Ganze apokalyptische Ausmaße annehmen.

Im Jahr 1972 wurde im schweizerischen St. Gallen eine Studie des Club of Rome mit dem Titel *Die Grenzen des Wachstums* vorgestellt. In einem Weltmodell wurden fünf unterschiedliche Tendenzen untersucht und bewertet:»Industrialisierung, Bevölkerungswachstum, Unterernährung, Ausbeutung von Rohstoffen und Zerstörung von Lebensräumen.« Die damalige Schlussfolgerung der Studie:

»Aus diesem teuflischen Regelkreis können uns technische Lösungen allein nicht herausführen.«

Das klingt irgendwie vertraut. Doch zwischen der Konklusion des Club of Rome und der Suche nach Lösungen von »One World, One Health« liegt fast ein halbes Jahrhundert. Was macht uns eigentlich glauben, dass wir unverwundbar sind? Dass uns die Natur nicht in irgendeiner Form früher oder später zur Rechenschaft ziehen wird? Das Coronavirus hat uns innerhalb kürzester Zeit vor Augen geführt, wie angreifbar wir sind und wie fragil unsere Sicherheitsstrukturen sind. Wenn man dieser Pandemie wenigstens einen positiven Aspekt beimessen darf, dann die Hoffnung, dass aus ihr der »Concerned Citizen« hervorgehen möge. Concerned im Sinne von »mich geht es etwas an«, aber auch im Sinne von »besorgt«. Bei einem »Weiter wie bisher« als Strategie ist die nächste Katastrophe programmiert. Das Rundumsorglospaket wird es in Zukunft nicht mehr geben. Wir werden alles auf den Prüfstand stellen und unsere Ansprüche überdenken müssen. Unsere Überheblichkeit gegenüber der Natur, nach der alles nach unserem Gusto zu funktionieren hat, gehört der Geschichte an. Ich glaube, wir werden die Auswirkungen der Coronakrise in allen Lebensbereichen noch lange spüren. Im günstigsten Fall können wir sie als Leitplanke nutzen, um zu mehr Nachhaltigkeit im Umgang mit der Natur zu gelangen, unter anderem durch regionale Lösungen wie auf den Färöern, aber auch durch weniger Massentierhaltung bzw. neue Konzepte des Tiermanagements. Mehr Flächen für die Tiere, artgerechtere Haltung – und letztlich auch ein klares Bekenntnis zum Klimaschutz. Ich glaube – oder besser gesagt ich hoffe –, wir gehen aus der Krise mit einem neuen Risikobewusstsein hervor. Aber wir zahlen dafür einen hohen Preis. Und zwar einen, den wir hätten vermeiden können, wenn wir auf die jahrzehntealten Erkenntnisse und deutlich formulierten Sorgen der Wissenschaft gehört hätten. Zudem müssen wir wachsam sein, dass die aktuelle Situation nicht von Populisten ausgenutzt wird. Die Forderung, schnell zur Normalität zurückzukehren und die wirtschaftlichen und kulturellen Aktivitäten wieder hochzufahren, mutet wie ein Rückfall in alte Zeiten an: aus den Augen, aus dem Sinn. Denjenigen, die aus ihrer Sicht die scheinbare Gunst der Stunde nutzen möchten, um langwierig erkämpfte Klimaschutzziele wie den European Green Deal oder die Ziele des Pariser Klimaschutzabkommens zurückzudrehen, muss entschlossen entgegengetreten werden. Wir müssen aus den Fehlern der Vergangenheit lernen.

WIR MÜSSEN DIE ZUSAMMENHÄNGE IM BLICK BEHALTEN, UM GESUND ZU BLEIBEN UND WEITERES UNUMKEHRBARES ARTENSTERBEN ZU VERHINDERN. DAS IST ZUMINDEST EINE LEHRE, DIE WIR AUS DER CORONAKRISE ZIEHEN KÖNNEN

Die Faröer haben ein nasses, stürmisches, aber relativ mildes Klima – und sind dennoch Vorreiter in Sachen Energie und Landwirtschaft.

___ Das Sandur-Veltan-Projekt auf den Faröern hat seinen Versuchsstatus längst hinter sich gelassen. Die landwirtschaftlichen Produkte haben eine hohe Qualität und sind bei der Bevölkerung beliebt – obwohl sie etwas teurer sind als die importierte Ware.

___ Ein frisch gefangener Eishai wird zerlegt. Es scheint für alles und jedes irgendwie einen Markt zu geben – und sei er noch so widersinnig.

___ Unser Kurs führt uns durch die großartige Inselwelt der Färöer Richtung Norden nach Island. Früh am Morgen lassen die ersten Sonnenstrahlen die Berghänge aufleuchten.

___ Das lokale Energieunternehmen auf den Faröern hat
uns eingeladen, um uns sein
fortschrittliches Energiekonzept zu erläutern. Bis
2030 wollen die Faröer
komplett aus der fossilen
Energiegewinnung
aussteigen und ausschließlich regenerative Energie
wie Wind und Solar nutzen.

___ Das winzige Inselreich der Faröer liegt einsam und abgeschieden im Atlantik. Trotzdem haben die Insulaner die Energiewende eingeleitet.

Die Idylle trügt. Seit Jahren zieht sich dieser grönländische Gletscher zurück.

09

_ARKTIS/ ANTARKTIS – DIE FRÜH- WARNSYSTEME DER ERDE

Die Erwärmung der polaren Randmeere hat unmittelbare Auswirkungen auf das Meereis. Es schmilzt ab – mit weltweiten, zum Teil lebensbedrohlichen Folgen

Fast schon Nostalgie: Im Spätsommer 1991 bahnt sich die DAGMAR AAEN einen Weg durch das Neueis entlang der sibirischen Küste.

Das Ende eines Mythos ist die Beliebigkeit. Sir Edmund Hillary und Tenzing Norgay, die Erstbesteiger des Mount Everest, würden sich im Grabe umdrehen, wenn sie wüssten, welche Menschenlawinen sich alljährlich über den höchsten Berg der Welt ergießen. Höher hinauf geht es nicht auf Erden – das macht den ultimativen Kick aus. Gebucht wird der Gipfel über Reiseveranstalter, möglichst mit Gipfelgarantie und in der Hoffnung, die körperliche Unversehrtheit und die erforderliche Fitness gleich mitgekauft zu haben. Mount Everest all inclusive. Da ist er hin – der Mythos.

Mein Interesse galt nicht den Bergen, sondern schon immer den Polarregionen. Sie waren einer der Gründe, weshalb ich mir ein Schiff wie die DAGMAR AAEN zugelegt habe. Ich wollte ein eisgängiges Schiff haben, wollte unabhängig sein, im Polareis überwintern und vom eingefrorenen Schiff aus Landexpeditionen unternehmen. Meine Motivation war eine andere als die der meisten Segler, die heute durch die Nordwestpassage fahren. Ich war gekommen, um zu bleiben – und nicht, um möglichst schnell wieder in wärmere Gefilde zu entschwinden. Für diese Art zu segeln, im Eis zu leben und zu überleben, hatte ich jahrelang Erfahrungen gesammelt. Eis und Kälte waren kein fremdes Medium für mich. Ich fühlte mich wohl, so wie es war – trotz Risiko und Kälte. Denn Reisen ins Eis waren stets mit einem hohen Risiko behaftet. Daran hat sich bis heute nichts geändert. Das habe ich akzeptiert – sozusagen als

Eintrittskarte in eine Welt voller Wunder. Die Paarung aus seglerischer Herausforderung, Planung, Teamarbeit und einem gigantischen Naturerlebnis war und ist mein Verständnis von Abenteuer. Und ich glaube auch, dass die Menschen, die sich dieses Jahr erneut auf Booten in die Nordwestpassage wagen, gewissermaßen den Gegenpol zu dem völlig durchorganisierten und in einem eng gefassten Raster aus Richtlinien und Verpflichtungen verlaufenden Leben suchen. Auf Zeit, versteht sich. Man nennt es auch Sehnsucht.

Die Erwärmung der polaren Randmeere hat unmittelbare Auswirkungen auf das Meereis. Das habe ich auf meinen Reisen immer wieder feststellen können, und für diese Erkenntnis bedurfte es auch keiner hochsensiblen Messtechnik. Ich wurde zwangsläufig zum Beobachter, aber letztlich auch zum Betroffenen einer bis dahin unvorstellbaren Veränderung der arktischen Landschaft. Dieser Prozess lief zudem in einem geradezu atemberaubenden Tempo ab.

Daraus folgerte unter anderem, dass die Schwierigkeiten der Befahrung einer der polaren Routen – allen voran die Nordwest- und Nordostpassage – heute einer gewissen Beliebigkeit gewichen sind. Der Klimawandel macht es möglich! Was hätten wohl ein John Franklin, ein Roald Amundsen oder auch ein Willy de Roos gedacht, wenn ihnen auf ihrer einsamen Reise durch die Nordwestpassage ein Schiff wie die CRYSTAL SERENITY begegnet wäre? Das Passagierschiff ist stolze 250 Meter lang und 32 Meter breit. Es bietet rund 980 Passagieren sowie 655 Crewmitgliedern Unterkunft. Auf den diversen Decks werden erlesene Speisen und Weine gereicht, während an den großen Panoramascheiben die felsigen Küsten der Nordwestpassage vorüberziehen. Derjenige, der sich den Spaß leisten kann, schwelgt im Luxus und lässt sich in klimatisierten Räumen eiskalte Schauder über den Rücken laufen, derweil ihm Lektoren sachkundig von den Dramen im ewigen Eis erzählen. Die Nordwestpassage weich gespült, bei schaurig-schönen Geschichten über Skorbut und Kannibalismus, über Erfrierungstod und Verzweiflung bei Kaviar und Champagner. Die CRYSTAL SERENITY eröffnet eine neue Dimension, ein neues Zeitalter. In einem Fernsehinterview räumt der Kapitän des Liners ganz gelassen ein, dass sein Schiff überhaupt keine Eisklasse habe. Das Schiff bricht mit allen Konventionen. Kleinere, sogenannte Expeditionskreuzfahrtschiffe mit einer hohen Eisklasse sind schon seit Jahren in der Passage unterwegs. Bei einigen Reisen haben sie die Auswirkungen des Eises kennengelernt. Einige von ihnen schafften es nur mittels Eisbrecherunterstützung. Wie ist das möglich, dass heute etwas gelingt, das vor Jahren noch undenkbar war?

Franklin und Co. wäre die Begegnung mit der CRYSTAL SERENITY vorgekommen wie der Besuch von Außerirdischen. Es wäre ungefähr so fantastisch gewesen wie eine Geschichte von Jules Verne. Auch ich hätte mir anno 1993 auf unserer Fahrt durch die Nordwestpassage nicht vorstellen können, ein Schiff solcher Bauart und Dimension anzutreffen. 1993 war die DAGMAR AAEN nach der kanadischen ST. ROCH und der WILLIWAW des Belgiers Willy de Roos erst das dritte Boot, dem die Passage innerhalb eines Jahres gelungen war – und das 49. Schiff insgesamt. Die meisten erfolgreichen Passagen wurden ohnehin von Eisbrechern absolviert. Nur einer Handvoll anderer Schiffe und Yachten gelang das, was heute nahezu wie Routine aussieht. Die Nordwestpassage lag damals in einem tiefen Dornröschenschlaf, kaum jemand wagte sich heran. Man kannte die wenigen Boote und deren Crews beim Namen. Es war eine kleine eingeschworene Gemeinschaft, die sich in Grenzbereiche vorwagte, die seit Franklins Zeiten wenig von ihrer Gefährlichkeit und Einsamkeit eingebüßt hatten. Es war Naturerlebnis pur, das ultimative Abenteuer – damals lebte der Mythos noch.

— **DIE NORDWESTPASSAGE HAT IHREN MYTHOS VERLOREN. WAS NOCH VOR 30 JAHREN ALS DAS GROSSE WAGNIS GALT, IST HEUTE ZUR ROUTINE MUTIERT**

Als wir zehn Jahre später zum zweiten Mal durch die Passage fuhren, hatte sich bereits vieles verändert. Es war wie eine Zeitreise. Der Klimawandel und dessen Auswirkungen waren in aller Munde. Im Jahr 2002 hatten wir die Nordostpassage auf der russischen Seite ohne große Probleme passiert und damit als erstes Schiff den Nordpol aus eigener Kraft komplett umrundet. Dafür hatten wir immerhin vier Anläufe gebraucht. Zuvor waren wir dreimal am Packeis des sibirischen Seeweges gescheitert. Immerhin mussten wir beim zweiten Versuch durch die Nordwestpassage von West nach Ost im Jahr 2003 noch auf halbem Weg überwintern. Das Eis war zu mächtig. Und wir waren nicht allein: Außer uns überwinterten noch drei weitere Yachten in Cambridge Bay. Das erschien uns irritierend viel zu sein, zumal zwei der Yachten von Bauart und Ausstattung her eher in die Südsee passten. Als wir 2004 die Nordwestpassage mit Kurs Grönland hinter uns ließen, waren wir bereits das 99. Schiff, dem dies gelungen war. Am Ende der Navigationsperiode 2016 hatten insgesamt 255 Schiffe die Passage bewältigt – inzwischen, das muss ich gestehen, habe ich den Überblick verloren.

Yachten aus aller Herren Länder und jedweder Größe und Bauart befahren alljährlich die Passage. Längst geht es nicht mehr um das, was früher das alleinige Maß aller Dinge war – heil durchzukommen. Es geht heute um neue Routen, um Geschwindigkeitsrekorde, um das kleinste Schiff, das schnellste oder sonderbarste Gefährt. Der Brite David Cowper, ein Veteran der Nordwestpassage, hat mit seiner Motoryacht POLAR BOUND gar sieben Passagen vollendet. Eine Art Shuttledienst, lästern einige. Seit die alljährlich stattfindende ARC-Seglerkarawane mit über 200 teilnehmenden Schiffen[12] über den Atlantik schippert, ist mit einer profanen Atlantiküberquerung nicht mehr viel Staat zu machen. Früher galt der Atlantik und in noch größerem Umfang eine Weltumsegelung als die ultimative seglerische Herausforderung. Heute muss man sich schon anderen Zielen zuwenden, wenn man etwas Außergewöhnliches vollbringen möchte. Die Nordwestpassage scheint dafür geradezu prädestiniert zu sein. Ein ungebremster Hype hat eingesetzt, den ich mir vor 16 Jahren noch nicht hätte vorstellen können.

Der Klimawandel hat die Passagen für die Schifffahrt geöffnet. Aber einfach ist die Reise deshalb noch lange nicht. Sie ist über 3.000 Seemeilen lang. Und das Eis ist trotz Klimawandel nicht vollends verschwunden. Da die Eisdecke insgesamt aufgelockerter ist als früher, ist das Eis mobiler geworden. Einzelne Eisfelder behindern sich nicht mehr gegenseitig im gleichen Umfang wie früher. Dadurch kann sich die Eislage sehr schnell verändern. Doch wer die Nordwestpassage hinter sich gelassen und die Beringstraße passiert hat, befindet sich noch lange nicht in Sicherheit. Wer hat noch nicht eine Episode der Serie *Der gefährlichste Job Alaskas* im Privatfernsehen gesehen? Dort geht es um die Krabbenfischer in der Beringsee. Fast ständig kämpfen die Fischer mit Sturm, Vereisung und Dunkelheit. Harte Burschen allesamt – die Darstellung ist für meinen Geschmack ein wenig zu amerikanisch, aber durchweg realistisch. Ich kenne die Beringsee bestens aus eigener Anschauung und finde die Reportage insgesamt nicht übertrieben. In diesen Gewässern kann einiges auf einen zukommen, und den ersten sicheren Hafen gibt es auf den Aleuten. Den muss man aber erst einmal erreicht haben.

Wer die umgekehrte Richtung von West nach Ost fährt, hat es nur unwesentlich leichter. Die Baffin Bay kann im Herbst ebenfalls höchst ungemütlich werden. Zudem gibt es viele Eisberge, die sich mit einer Art Schleppe aus Eisfeldern und Growlern umgeben. Bei Sturm und Dunkelheit lassen sich die schwer ausmachen – auch nicht mithilfe des Radars. Mögliche Probleme gibt es also genug in diesen Gewässern.

Nun sind die Kanadier freundliche und hilfsbereite Menschen. Wer früher eine Siedlung mit dem Boot erreichte und irgendein Problem hatte, dem wurde geholfen. Auch die kanadische Coast Guard, die anders als ihr amerikanisches Pendant nicht im Militärlook und mit martialischem Gebaren daherkommt, sondern zivil und mit einer ausgewiesenen Freundlichkeit, half, wo immer es nötig war. Selbst wenn es sich ganz profan um die Nutzung einer Coast-Guard-Waschmaschine, einer Dusche oder frisches Obst und Gemüse handelte. Man musste nur die Spielregeln einhalten, dann hatte man einen Verbündeten für sein Abenteuer. Bei der Vielzahl der Passagen und den daraus resultierenden

VOR MEINEM GEISTIGEN AUGE SEHE ICH SCHON DIE ANKÜNDIGUNG DER ERSTEN REGATTA DURCH DIE NORDWESTPASSAGE AUFFLACKERN

Hilfsaktionen ist diese Vertrautheit inzwischen verloren gegangen. Die Coast Guard ist auf Distanz zu den zahlreichen Yachten gegangen. Heute werden Reisepläne nach Terminkalender und genauen Zeitabläufen gemacht. Private Charteryachten mit zahlenden Gästen an Bord befahren die Passage – da muss der Rückflugtermin pünktlich eingehalten werden. Diese Vorstellung wäre vor 13 Jahren noch einer unvorstellbaren Kühnheit gleichgekommen. Da war man froh, überhaupt durchzukommen. Die Nordwestpassage ist planbar geworden. Ähnliches gilt für das Pendant auf der russischen Seite. Zumindest, was die Naturverhältnisse angeht. Die größte Hürde liegt ohnehin bei den russischen Behörden. Dort herrscht derzeit sibirischer Dauerfrost.

Die fatalen Folgen des Klimawandels und die damit einhergehenden dramatischen Veränderungen einmal unberücksichtigt – die Nordwestpassage ist für gut ausgerüstete Yachtsegler eine ernsthafte Alternative geworden. Und aus genau diesem Grund weht auch nicht mehr das gleiche Flair über die Tundren, Sunde und Küstengewässer. Vor meinem geistigen Auge sehe ich schon die Ankündigung der ersten Regatta durch die Nordwestpassage aufflackern. Vom ursprünglichen Mythos ist nichts mehr übrig geblieben. Man mag das beklagen, aber es ist halt ein Zeichen der Zeit – auch dies: Auswirkungen des Klimawandels.

Die Arktis reagierte als erste Landschaft vehement auf den ungebremsten Kohlendioxidausstoß und die damit verbundene Erderwärmung. Der unlängst durch einen tragischen Unfall verstorbene Wissenschaftler

Prof. Dr.-Ing. Wilfried Korth besaß eine ähnliche Affinität zu Grönland wie ich selbst. Wilfried Korth war Professor für Vermessungstechnik an der Beuth Hochschule für Technik in Berlin. Wir kannten uns seit vielen Jahren, hatten immer wieder gemeinsam Pläne geschmiedet, waren zusammen in der Antarktis und planten für 2019 eine gemeinsame Expedition nach Grönland. Wilfried plante im Rahmen eines Forschungsprojektes, eine Massenbilanz des grönländischen Eisschildes zu erstellen. Zu diesem Zweck durchquerte er mehrfach das grönländische Inlandeis auf Ski. Im Jahr 2002 fand seine erste Durchquerung statt. Es sollten fünf weitere in zeitlichen Abständen auf genau der gleichen Route folgen, wobei immer genau die gleichen Messpunkte angelaufen und die Höhe des Inlandeises ermittelt wurde. Anfangs diskutierten wir noch recht kontrovers über mögliche Auswirkungen des Klimawandels auf das Grönlandeis.

Nach der Auswertung der fünften Durchquerung im Jahr 2015 schrieb er mir in einer Mail folgende Bewertung:

»Der Fahrstuhl [das Inlandeis] fährt weiter nach unten. Am Camp 34 sind wir 30 Meter unter unserer Route von 2002 gelaufen. Es ist das Einzugsgebiet des Sermeq Kujalleq [ein Gletscher] bei Ilulissat. Wenn man einen Radius von 80 Kilometer um dieses Camp schlägt, sind etwa 300 Kubikkilometer Eis geschmolzen. Und die Geschwindigkeit der Eisabnahme nimmt zu. Es verschwinden heute 50 Prozent mehr Eis als noch im Jahr 2002.«

— **DIE GESCHWINDIGKEIT, MIT DER DIE INLANDEISE UND GLETSCHER WELTWEIT AN VOLUMEN VERLIEREN, IST GERADEZU ATEMBERAUBEND BEÄNGSTIGEND**

Das war im Jahr 2015. Das Inlandeis Grönlands verliert jährlich 266 Gigatonnen Eis. Eine Gigatonne entspricht einem Quadratkilometer Wasser. Zum Vergleich: Der Bodensee enthält 48,5 Gigatonnen Wasser, die Ostsee 21.000. Allein der grönländische Eisverlust führt zu einem jährlichen Meeresanstieg von 0,7 Millimetern. Wie die Expeditionen von Wilfried Korth zeigen, verliert das Inlandeis an Höhe: Das wiederum bedeutet, dass es in wärmere Zonen absinkt und damit der Schmelzprozess beschleunigt wird. In 3.000 Meter Höhe ist es eben kälter als in nur 1.000 Metern.

Spitzbergen war von jeher das erreichbarste Ziel im hohen Norden. Der Golfstrom, der an der Westküste des Svalbard-Archipels nördlich zieht, sorgte schon vor den Zeiten der globalen Erwärmung für weitgehend eisfreies Wasser. Am Südkap hingegen zog sich meist ein dichter Treibeisgürtel wie eine Barriere in Ostwestrichtung und stellte die Boote vor eine ernste Herausforderung. Aber irgendwie ließ sich der Gürtel immer umfahren, und dahinter ging es meist flott weiter – bis hoch zum 80. Breitengrad. Heute gibt es den Eisriegel am Südkap nicht mehr, und die Reise über den 80. Breitengrad hinweg ist in der Regel kein Problem. Auch die Umsegelung Nordostlands oder die Passage durch die Hinlopenstraße sind in den meisten Jahren möglich. Auf zwei Reisen haben wir einmal 82° und einmal fast 83° Nord erreicht. Anlandungen auf Inseln, die früher nur zu Fuß über das Packeis und unter erheblichen Mühen und Gefahren möglich waren, sind heute oft problemlos mit dem Boot zu realisieren. Und auch hier trifft man auf Kreuzfahrtschiffe. Ob an der Eiskante auf 83° oder an einstmals einsamen Ankerplätzen in der Hinlopenstraße – selten ist man allein. Yachten unterschiedlichster Nationen und Bauarten geben sich in Longyearbyen, dem einzigen Ort auf Spitzbergen mit dem Sitz des Gouverneurs, ein Stelldichein. Entweder um ihre Ankunft in Spitzbergen zu feiern oder um vom Gouverneur die erforderlichen Genehmigungen zu bekommen, weiter nach Norden fahren zu dürfen. So einfach ist das heute nämlich nicht mehr. Der Sysselmann – so die offizielle Amtsbezeichnung – fordert seit geraumer Zeit Versicherungspolicen für Yachten, die SAR-Maßnahmen mit abdecken.

Auch mit den Anlandungen ist das heute nicht mehr so einfach. Andenkenjäger haben die historischen Plätze offenbar ordentlich abgeräumt, was dazu geführt hat, dass keiner dieser Plätze ohne vorherige Genehmigung betreten werden darf. In Longyearbyen habe ich erlebt, dass ein 300 Meter langes Kreuzfahrtschiff festgemacht hat und Tausende von Passagieren und Crewmitgliedern wie ein Tsunami in den kleinen Ort geschwappt sind. Die Bewohner leben davon und haben keine Einwände gegen die Größe und hohe Frequenz der Schiffe. Yachten sind da eher lästig und müssen vor Anker liegen, weil es kaum genügend Liegeplätze zum Festmachen gibt. Der Yachtsegler – egal ob in Grönland oder Spitzbergen, ob in Russland oder der Nordwestpassage – wird nicht mehr als Exot betrachtet, dem uneingeschränkte Sympathie entgegengebracht wird, sondern als Tourist. Verantwortlich auch hier: der Klimawandel.

Es gibt unzählige Beispiele über zurückweichendes Eis, auftauenden Permafrost und schmelzende Gletscher. Am besten lassen sich die Auswirkungen aber an konkreten Beispielen darstellen:

Im sibirischen Norilsk ist im Juni 2020 ein gigantischer Brennstofftank eines Kraftwerks leck geschlagen. Offenbar hatte das Fundament durch den auftauenden Permafrostboden nachgegeben. 20.000 Tonnen Dieselöl sollen laut offiziellen Angaben ausgetreten und in den Fluss Pjasina geflossen sein. Diese Menge entspricht etwa 830 Tanklastzügen, wie wir sie von unseren Straßen kennen. Schon in früheren Jahren hat es Lecks in russischen Pipelines gegeben, offenbar aus ähnlichen Gründen.

Inzwischen ist längst nicht mehr nur die Arktis von der Erderwärmung betroffen, sondern auch die Antarktis. Im Februar 2020 wurde auf der argentinischen Station Esperanza eine Rekordtemperatur von plus 18,3 °C gemessen und damit der bisherige Rekord aus dem Jahr 2015 gebrochen – damals lag er bei 17,5 °C. Aber damit nicht genug. Nur eine Woche später wurde auf der etwa 100 Kilometer entfernten Station Marambio die absolute Rekordtemperatur von 20,75 °C ermittelt. Noch niemals zuvor war seit Menschengedenken die Temperatur in der Antarktis in solche Höhen geklettert. Laut UNO-Angaben ist das vergangene

LANGE GLAUBTE MAN, DASS DIE ANTARKTIS STABIL SEI UND DAS EIS SOGAR ZUNEHMEN WÜRDE. INZWISCHEN IST KLAR, DASS DAS GEGENTEIL DER FALL IST

Jahrzehnt das wärmste seit dem Beginn der Temperaturaufzeichnungen in der Antarktis gewesen. Nach Angaben der NOAA (US-Wetterbehörde National Oceanic and Atmospheric Administration) sind der Januar und der Februar 2020 die wärmsten in der 141-jährigen Geschichte der Temperaturmessungen in der Antarktis gewesen. Die globale Temperatur habe um 1,14 °C über dem Januar-Durchschnitt von 12,0 °C gelegen.[13] Lange Zeit hatten die Klimaskeptiker triumphierend auf die Antarktis verwiesen, die im Gegenteil zum allgemeinen Trend klimatisch stabil schien. Ein Trugschluss, wie sich zeigt. Es mag etwas länger gedauert haben als in der Arktis – dafür sind die Auswirkungen noch gravierender. Der Eisverlust in der Antarktis hat sich in nur sechs Jahren verdoppelt. Die Eisschmelze in der Antarktis stellt ein noch größeres Risiko für Küstenregionen weltweit dar, als bislang angenommen. Es geht dabei nicht nur um den Eintrag des Schmelzwassers der tauenden Schelfeise: Die Schelfeise sind gewissermaßen schwimmende Gletscher, die vom Inlandeis gespeist werden und wie eine Art Stöpsel den Abfluss des Eises aus dem antarktischen Inland regulieren. Sie wirken wie eine Bremse. Schmelzen die Schelfeise, geht diese regulierende Wirkung verloren, und es steht zu befürchten, dass sich das Inlandeis in einer deutlichen höheren Rate entleert als erwartet.

Die Forscher der Europäischen Geowissenschaftlichen Union gehen davon aus, dass allein durch diesen »Antarktis-Faktor« der Meeresspiegel bis zum Ende dieses Jahrhunderts weltweit um bis zu 58 Zentimeter ansteigen könnte.[14] Zählt man den mit etwa 20 Zentimeter kalkulierten, durch die Eisschmelze von Grönland verursachten prognostizierten Meeresspiegelanstieg bis zum Ende des Jahrhunderts hinzu, liegen wir bereits bei 78 Zentimetern im weltweiten Mittel. Andere Einflüsse nicht mit eingerechnet.

Venedig, eine vom Hochwasser geplagte Stadt, ist durch eine auf den Namen »Mose« getaufte Hochwasserschutzanlage geschützt – wenn diese denn funktioniert, was keinesfalls immer gegeben ist. Der Haken dabei: Die Schutzanlage wurde bereits vor Jahrzehnten entwickelt und berücksichtigt nur einen Meeresspiegelanstieg von 80 Zentimetern. Der dürfte Ende des Jahrhunderts schon deutlich überschritten werden. »Nach den aktuellen Trends werden durch das Abschmelzen des Eises in Grönland gegen Ende des Jahrhunderts jedes Jahr rund 100 Millionen Menschen Überschwemmungen erleiden. Insgesamt 400 Millionen Menschen würden betroffen sein, wenn auch der Eisverlust in der Antarktis berücksichtigt wird.«[15] Und damit wären wir wieder beim »Klimadeich«, über den ich im 6. Kapitel berichtet habe.

NOCHMALS - ALLES HÄNGT MIT ALLEM ZUSAMMEN

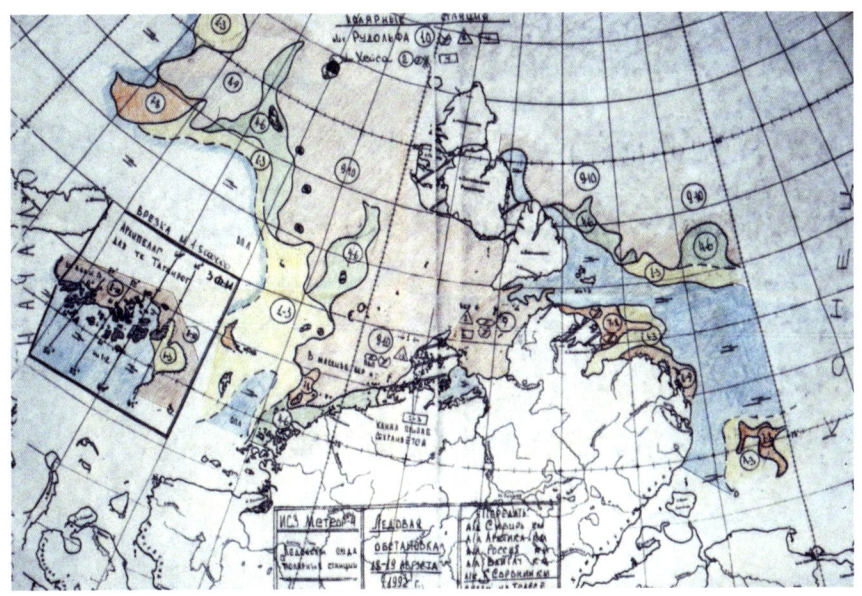

___ Anfang der 1990er-Jahre wurden in Russland die Eiskarten noch per Hand gezeichnet und mit Buntstiften koloriert.

___ Sommer in der sibirischen Arktis.
Ein Schneesturm hat uns überrascht.

Mit einem Bootshaken versucht ein Crewmitglied, das Heck des Schiffes vom Eis abzudrücken.

Spezifische Massenbilanzen:
Bodenmessungen (nur lokal oder Profile)

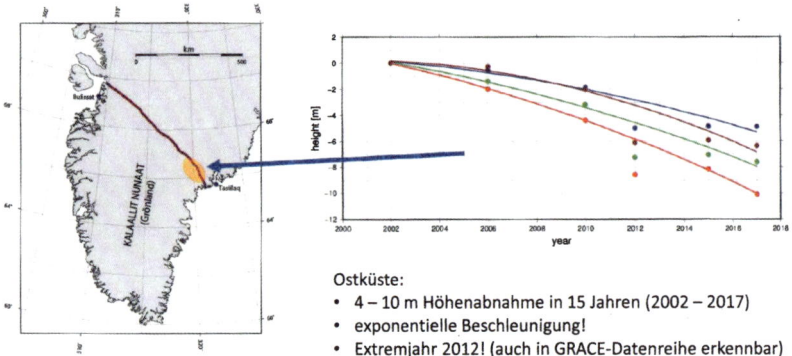

Ostküste:
- 4 – 10 m Höhenabnahme in 15 Jahren (2002 – 2017)
- exponentielle Beschleunigung!
- Extremjahr 2012! (auch in GRACE-Datenreihe erkennbar)

Spezifische Massenbilanzen:
Bodenmessungen (nur lokal oder Profile)

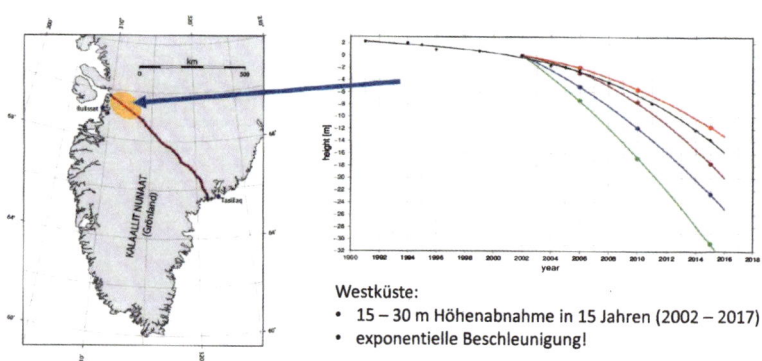

Westküste:
- 15 – 30 m Höhenabnahme in 15 Jahren (2002 – 2017)
- exponentielle Beschleunigung!

___ Die Grafiken, die Professor Korth nach seinen Messungen auf dem grönländischen Inlandeis angefertigt hat, zeigen den Eisverlust sowohl an der Ost- wie auch der Westküste Grönlands.

___ Überwältigt von dem gigantischen Panorama, steht ein Crewmitglied
von uns am Eisfjord bei Ilulissat, Westgrönland. In ununterbrochener Folge
schieben sich die Eisberge seewärts.

___ Die CRYSTAL SERENITY bietet
Platz für 1.100 Luxusreisende –
bei 655 Mann Besatzung.
Hier liegen sie vor Anker in
der Nordwestpassage unweit
der kleinen Siedlung
Cambridge Bay.

Begegnung der unheimlichen Art. Bei der Ansteuerung des isländischen Ísafjörður, eines kleinen Orts in den Nordwestfjorden, passieren wir ein riesiges Kreuzfahrtschiff.

10

WIR MÜSSEN GRÜNES WACHSTUM FÖRDERN

Die erste große Windkraftanlage Deutschlands wurde errichtet, um allen zu beweisen, dass es nicht funktioniert. Heute ist die Windenergie aus der nationalen Energieversorgung nicht mehr wegzudenken

___ An den zahlreichen Windrädern erhitzen sich viele Gemüter.
Aber was wäre die Alternative?

Dass man in Sachen Energiegewinnung neue Wege beschreiten müsse, hat man schon Mitte der 70er-Jahre erkannt. Die Verstromung von Kohle spielte zu dieser Zeit in der öffentlichen Diskussion noch keine Rolle. Kohle war als Energiequelle akzeptiert und galt als sicher und zuverlässig. Die damit verbundene Klimaerwärmung durch CO_2-Emissionen war in dem öffentlichen Bewusstsein noch nicht angekommen. Der Widerstand gegen die Kernenergie hingegen nahm zu.

Nachdem es auf dem Baugelände des geplanten Kernkraftwerks in Wyhl am Rhein zu massiven Bürgerprotesten gegen die Kernenergie gekommen war, beschloss im Jahr 1976 das Bundesministerium für Forschung und Technologie (BMFT) unter der Leitung von Hans Matthöfer, einen Auftrag für den Bau einer Windkraftanlage zu erteilen. Eine Versuchsanlage sollte es werden, um das Potenzial solcher Kraftwerke, aber auch die damit verbundenen technischen Probleme zu erfassen und diese dann nach Möglichkeit in den Griff zu bekommen. Eine gute Initiative, könnte man meinen, wenn es sich nicht bei genauerer Betrachtung lediglich um einen politischen Schachzug gehandelt hätte. Das Projekt erhielt den etwas sperrigen Namen »Große Windenergieanlage«, kurz GROWIAN, und sollte dort, wo der Wind meistens konstant weht, im Kaiser-Wilhelm-Koog an der Elbmündung der schleswig-holsteinischen Westküste, errichtet werden. In teutonischer Überheblichkeit sollte es selbstredend die größte Windkraftanlage der Welt werden, mit einem Maschinenhaus von 340 Tonnen Gewicht, in 100 Meter Höhe und mit einem Rotordurchmesser von rund 100 Metern. Die gewaltigen Kräfte, die bei einer derart großen Anlage auftraten, hatte man damals noch nicht im Griff. Die großen Energieunternehmen hatten zudem keinerlei Interesse an einer Konkurrenz zu Kohle- und Atomkraftwerken. Man machte schließlich glänzende Gewinne. Diese konventionellen Kraftwerke waren sozusagen Gelddruckmaschinen – warum also etwas daran ändern? Zumal die Risiken der Kernkraft von den Bürgern getragen wurden und nicht etwa von den Betreibern. Wenn ein Energieunternehmen ein Kernkraftwerk gegen einen GAU (größter anzunehmender Unfall), wie etwa in Tschernobyl 1986 geschehen, hätte versichern lassen müssen, wären die Meiler vermutlich schlagartig vom Netz gegangen, da die Versicherungsprämie so hoch gewesen wäre, dass sich die Anlagen nicht gerechnet hätten. Kunden hießen damals »Abnehmer« – was allein durch die Wortwahl entlarvend war. Konkurrenz gab es nicht, die Großen hatten den Markt unter sich aufgeteilt. Aus Sicht der Kraftwerksbetreiber gab es folglich keinerlei Motivation, an dieser Konstellation etwas zu ändern. Deshalb reagierte man seitens der Energiewirtschaft auch sehr zurückhaltend auf die Pläne des BMFT und versuchte, das Projekt nach allen Regeln der Kunst zu torpedieren. Doch das Ministerium beharrte auf dem Plan – ein politischer Schachzug, um der Öffentlichkeit zu beweisen, dass die Windenergie chancenlos ist. Im Januar 1980 wurde die Growian GmbH gegründet, an der die drei Energiekonzerne HEW, Schleswag und RWE beteiligt waren. Hauptanteilseigner war die HEW,

ATOMKRAFTWERKE UND MIT FOSSILEN BRENNSTOFFEN BETRIEBENE KRAFTWERKE WAREN SO ETWAS WIE GELDDRUCKMASCHINEN. DIE ENERGIEUNTERNEHMEN HATTEN KEINERLEI INTERESSE DARAN, ETWAS ZU ÄNDERN

die etwas widerwillig die Projektleitung übernahm. Von Anfang an war allen Beteiligten die Überzeugung gemein, dass die Anlage nach dem Experiment wieder abgebaut werden sollte – je früher desto besser! Im Grunde genommen ging es den Betreibern nämlich gar nicht darum, die Potenziale der Windenergie zu erforschen und neue technologische Wege zu eröffnen, sondern ganz im Gegenteil darum, der ganzen Welt und der damaligen Antiatomkraftbewegung zu beweisen, dass Windenergie technisch nicht praktikabel ist und damit keine Alternative zu den konventionellen Kraftwerken darstellte.

Ich erinnere mich sehr gut an diese Zeit, die letztlich einen Umbruch für die Energiewirtschaft einleitete. Die großen Demos in Brokdorf mit 100.000 Teilnehmern, das gewaltige Polizeiaufgebot und die allgegenwärtigen »ATOMKRAFT? NEIN DANKE«-Aufkleber prägten eine ganze Generation. Die Atomlobby auf der einen und eine wegen der damit verbundenen Risiken besorgte Bevölkerung auf der anderen Seite standen sich unversöhnlich gegenüber. Niemals zuvor hatte es seit dem Bestehen der Bundesrepublik so viele Menschen zum Protest auf die Straße getrieben. Seitens der Energiewirtschaft gab es so markige Sprüche wie: »Kernkraftgegner überwintern bei Dunkelheit mit kaltem Hintern«.

— **DIE ARGUMENTE DER WINDKRAFTGEGNER WURDEN IN WINDESEILE ENTKRÄFTET. HEUTE STEHT AUF DEM EHEMALIGEN STANDORT VON GROWIAN EINER DER ÄLTESTEN WINDPARKS DEUTSCHLANDS**

Oder die nach 9/11 überhaupt nicht komisch klingende Frage: »Was passiert, wenn ein Flugzeug auf ein Atomkraftwerk fällt?« Die Antwort: »Dann ist das Flugzeug kaputt.« Kritiker wurden diffamiert, als ahnungslos, wirtschaftsfeindlich und realitätsfremd abgestempelt. Es bestand ein schlimmer Dissens zwischen weiten Teilen der Bevölkerung, die Kernkraft für eine Risikotechnologie hielten, und jenen, denen es schlichtweg gleichgültig war oder sie sogar als »saubere« Energieform betrachteten. Zeitgleich gab es gewaltige politische Umwälzungen. Die Partei der Grünen entstand, ebenso der BUND und andere Umweltschutzverbände. Ein anderes Sicherheits- und Umweltbewusstsein wurde implementiert.

Vor diesem Hintergrund, in einer gesellschaftspolitisch aufgeheizten Atmosphäre, entstand das GROWIAN-Projekt. Man wollte der Öffentlichkeit beweisen, dass der Wind niemals eine nennenswerte Rolle bei der Energiegewinnung spielen würde. Ein Vorstandsmitglied der RWE äußerte auf einer Hauptversammlung des Unternehmens, man »brauche GROWIAN, um zu beweisen, dass es nicht ginge«, und erklärte, dass GROWIAN so etwas wie ein pädagogisches Modell sei, um Kernkraftgegner zum wahren Glauben zu bekehren.[16] Auch die Politik – obwohl von ihr auf den Weg gebracht –, äußerte sich ähnlich: »Wir wissen, dass es uns nichts bringt. Aber wir machen es, um den Befürwortern der Windenergie zu beweisen, dass es nicht geht.«[17] Es kam, was kommen musste: Die Anlage war sowohl von der Konstruktion als auch von den kaum beherrschbaren Materialbelastungen ein Flop und entsprach damit genau den Erwartungen und Hoffnungen ihrer Bauherren und Betreiber. Nur vier Jahre und umgerechnet 54 Millionen Euro später wurde die pannengeplagte Anlage endgültig stillgelegt. Bis zu diesem Zeitpunkt erreichte die Anlage keinen einzigen dauerhaften Testbetrieb und wies gerade einmal 420 Betriebsstunden auf.[18] Sie wurde umgehend abgerissen.

Aber es gab durchaus mittelständische Unternehmen, die dieses Experiment mit großem Interesse verfolgten und der Technologie erhebliche Chancen einräumten. Man lernte aus den Fehlern, baute kleine

Anlagen, um Erfahrungswerte hinsichtlich der Konstruktion und der zu erwartenden Belastungen zu sammeln. Es wirkt wie eine Ironie der Geschichte, dass nur ein Jahr, nachdem das GROWIAN-Projekt endgültig stillgelegt worden war, auf demselben Gelände der erste deutsche Windpark errichtet wurde. Ursprünglich bestand dieser Windpark aus 32 kleineren Anlagen, die den gewünschten Strom produzierten und wichtige konstruktive Erfahrungswerte lieferten. Dieser Windpark existiert heute noch – zwischenzeitlich mehrmals auf den jeweils neuesten Stand der Technik gebracht.

Knapp drei Jahrzehnte nach dem endgültigen Ende von GROWIAN gingen die ersten Windkraftanlagen in Großserie, bei vergleichbarer Baugröße und Leistung – nur eben konstruktiv besser durchdacht und mit dem Anspruch gebaut, zu funktionieren. Die Windenergie hat sich durchgesetzt – allen Unkenrufen zum Trotz.

Auf der Titelseite des Magazins *Der Spiegel* ist in seiner Ausgabe Nr. 19 im Jahr 2007 ein Bild wie aus einem Comic zu sehen: Es zeigt eine schmelzende und zerfließende Erde sowie eine junge Frau, die mit Schweißperlen auf der Stirn verängstigt in den Himmel blickt und ihre Gedanken in eine Sprechblase fließen lässt: *»Hilfe ... die Erde schmilzt!«* Überschrieben ist der Beitrag mit: »Die große Klima-Hysterie«.

Der Artikel zu dem Thema ist in einem leicht süffisanten Tonfall geschrieben, nach dem Motto: Was regt ihr euch denn auf? Alles halb so schlimm. Es wird von Alarmismus gesprochen, von »schrillen Alarmrufen«, die sich keiner mehr traut, kritisch zu hinterfragen. »Die Weltuntergangsstimmung – die Klimahysterie – scheint ansteckender zu sein als eine Grippeepidemie.« Ein merkwürdiger Vergleich, wenn man ihn auf die heutige Zeit projiziert. »Die gruselige Südpolschmelze entpuppte sich als Fiktion«, lästert der *Spiegel* weiter. »Nach den aktuellen Klimamodellen wird die Antarktis sogar an Masse zunehmen – was zur Folge hat, dass der Anstieg des Meeresspiegels um rund fünf Zentimeter geringer ausfällt.« In dieser Tonart geht es im Artikel weiter. Geradezu

WISSENSCHAFTLERN, DIE SICH MAHNEND ZU WORT MELDETEN UND VOR DEN FOLGEN EINER ERDERWÄRMUNG WARNTEN, WURDEN HÄUFIG PANIKMACHE UND EIN KOKETTIEREN MIT DEN ÄNGSTEN DER MENSCHEN UNTERSTELLT

zynisch die Aussage: »Beruhigend ist zudem – gerade auch für arme Länder wie Bangladesch –, dass all diese Veränderungen nicht von heute auf morgen passieren, sondern schleichend, innerhalb von Jahrzehnten.« »Was mag denn daran beruhigend sein?«, fragt sich der geneigte Leser.

Wie gesagt – so war es 2007 im *Spiegel* zu lesen. Unwahrscheinlich, dass ein solcher Artikel heute noch die Redaktionskonferenz passieren würde. Und es ist auch nicht als Medienbashing zu verstehen. Der Artikel spiegelt nur exemplarisch den Umgang mit dem Thema Klimawandel wider, wie er seit Jahrzehnten in allen gesellschaftlichen Bereichen gang und gäbe war. Zugegeben – heute ist man schlauer als im Jahr 2007. Aber trotzdem offenbart dieser Artikel die Tendenz, Klima- und Naturschützer als Alarmisten zu stigmatisieren. »Alles Wichtigtuerei ohne fachlichen Sachverstand« – kurzum der Versuch, Mahner und Aktivisten zu diskreditieren. Das gibt es auch heute noch. Die Fridays-for-Future-Bewegung kann ein Lied davon singen. Es gibt immer wieder Interessenverbände, die versuchen, die Problematik zu vernebeln oder den Jugendlichen schlichtweg zu unterstellen, lediglich freitags den Unterricht schwänzen zu wollen.

Zeitenwechsel: In Heft 24 der *Spiegel*-Ausgabe aus dem Jahr 2019 ist die Lesart dann eine ganz andere. Unter dem Titel:

»Apokalypse jetzt – Klima, Dürre, Sturzfluten: In der marokkanischen Oase M'Hamid El Ghizlane lässt sich schon jetzt beobachten, was dem Mittelmeerraum durch die Erderwärmung droht«, ist auf Seite 94 die aktuelle Entwicklung dargestellt. »Trinkwasser schwindet, Unruhen, Krankheiten und Armut treiben Menschen in die Flucht, Konflikte verschärfen sich.« Und weiter: »Der Mittelmeerraum gehört heute schon zu den trockenen Regionen der Welt. Und er wird immer trockener. In den Jahren 2007 und 2008 wurde Syrien von einer verheerenden Dürre heimgesucht. Ein Fünftel der Landbevölkerung verlor seine Lebensgrundlage, über 40.000 Familien flohen in die Peripherie der Städte. Bald darauf brach der Bürgerkrieg aus.«

Am aktuellen Status Syriens wird die Entwicklung in aller Dramatik sichtbar und macht deutlich, dass der Weltfrieden in unmittelbarer Abhängigkeit zum Klimawandel steht.

UND NOCH EIN NACHSATZ: IM MÄRZ 2020 BESTAND DER INS NETZ EINGESPEISTE ENERGIEMIX ERSTMALS ZU 52 PROZENT AUS ERNEUERBAREN ENERGIEN. ES WAR EIN WINDIGER MONAT. GROWIAN LÄSST GRÜSSEN!

Die Titelgeschichte des Magazins *Der Spiegel* aus dem Jahr 2007.

11

SAMSØ - EINE INSEL SCHAFFT DIE WENDE

Eine kleine dänische Insel im Kattegat hat die Energie-wende vollzogen – mit großem Erfolg. Auf Samsø wird mehr Energie produziert, als vor Ort benötigt wird. Der Überschuss wird in das dänische Netz eingespeist und wirft eine gute Dividende ab

___ Teilnehmer unseres Ice-Climate-Education-Camps lassen sich auf
Samsø das Energiekonzept erklären.

Inseln haben mich von jeher fasziniert, besonders, wenn man sich ihnen von See her annähert. Der Seefahrer spricht vom Landfall. Zunächst taucht schemenhaft am Horizont eine Silhouette auf, die man schwer von Wolken oder Dunst unterscheiden kann. Man hält den Kurs, blickt angestrengt nach vorn, und irgendwann wird die Ausdauer belohnt: Die Insel zeichnet sich immer deutlicher in ihren Konturen ab. Gleichwohl dauert es noch Stunden, bis man die Hafeneinfahrt vor sich sieht und das Schiff sicher vertäut ist. Diese langsame Annäherung verbindet auf eine ganz besondere Art.

Inseln sind nicht nur geografisch als solche definiert – sie stellen auch Lebensinseln dar, und alle unterscheiden sie sich voneinander. Sie sind Individualisten, liegen isoliert – ganz gleich wie weit sie auch vom Festland entfernt sein mögen. Gerade in Coronazeiten wurde das deutlich. Die Insulaner schotteten sich vom Festland ab, um zu verhindern, dass das Virus dort Einzug hielt. Inseln haben ihre eigene Identität. Strukturwandel lässt sich an ihrem Beispiel deshalb auch besonders gut aufzeigen – und zwar unabhängig davon, ob dieser Wandel auch auf andere Regionen übertragbar ist. Eine dieser Inseln ist Samsø. Im dänischen Teil des Kattegats, zwischen Seeland und dem dänischen Festland gelegen, ist sie eine grüne, liebliche Insel, geprägt von Landwirtschaft und Tourismus. Samsø ist beschaulich und deshalb gerade bei Familien mit

___ Ein kleiner roter Fleck im dänischen Teil des Kattegats – die Insel Samsø.

Kindern beliebt, die dort ihre Ferien verbringen. Es gibt kein großes Nachtleben oder lärmendes Entertainment. Samsøs Kapital ist die Ruhe, die Natur, die Idylle – und seit einigen Jahren die gelungene Energiewende. Der dänische Staat hatte dafür lediglich eine kleine Anschubfinanzierung gewährt, den Rest haben die Samsinger allein geschafft. Anfangs vollzog sich diese Transformation auf der bäuerlich konservativ geprägten Insel eher zögerlich. Es gab durchaus zahlreiche Skeptiker. Grünes, ideologisiertes Gedankengut verfing sich nicht so ohne Weiteres bei den Insulanern. Das hat sich in den letzten 22 Jahren gründlich geändert. Heute generieren zehn Offshore-Windräder den Strom mit je einer Leistung von 2,3 Megawatt. Hinzu kommen elf Onshore-Windräder. Die Anlagen produzieren heute viermal mehr Energie, als die Insel verbraucht. Den Überschuss speist man in das nationale dänische Stromnetz ein. Die Windräder gehören anteilig der Bevölkerung, sie ist es, die

161

gestaltet und Einfluss nimmt. Und damit sind die Anlagen akzeptiert. Beschwerden wegen Lärmbelästigung, Schattenschlag oder optischer Umweltverschmutzung? Auf Samsø Fehlanzeige! Die Insel ist heute nicht nur CO_2-neutral, sie weist sogar eine negative Energiebilanz auf. Die Menschen sind engagiert und innovativ. Es gibt Photovoltaikanlagen, Wärmepumpen und ein Fernwärmekraftwerk, das unter anderem mit dem Stroh befeuert wird, das früher auf den Feldern verbrannt wurde. Stroh ist ein nachwachsender Rohstoff, der im gleichen Umfang im nächsten Jahr wieder vorliegt. Fossile Brennstoffe bleiben in der Erde – zumindest was den Anteil von Samsø betrifft.

Die Fähre von Sælvig auf Samsø nach Hou auf Jütland fährt mit Flüssiggas (LNG), ein Umstand, den man gern noch dahingehend ändern möchte, dass sie – wenn schon nicht elektrisch – zumindest mit Biogas betrieben wird. Das Verflüssigen des Biogases ist aber noch teuer und rechnet sich derzeit nicht. Daran jedoch wird derzeit gearbeitet. Fossile Brennstoffe, etwa für den Autoverkehr, möchte man bis 2030 durch E-Mobilität oder Biogas ersetzen. Ohnehin werden die durch den Verkehr entstehenden vergleichsweise geringen Emissionen schon heute durch den Energieüberschuss der Insel mehr als kompensiert. Auch deshalb weist Samsø eine negative Klimabilanz auf.

— **KEINER HAT BEHAUPTET, DASS DIE ENERGIE-WENDE EINFACH WERDEN WIRD. ABER SIE IST TECHNISCH MACHBAR UND TROTZ ALLER HINDERNISSE UND UNKENRUFE PRAKTIKABEL**

Dass Fährschiffe heute schon zu 100 Prozent elektrisch fahren können, beweist ein anderes Projekt in der Dänischen Südsee. Im Jahr 2019 wurde der 30 Millionen Euro teure Neubau, der von der Europäischen Kommission mit 15 Millionen Euro gefördert wurde, auf den Namen ELLEN getauft und in Betrieb genommen. Bei einer Länge von 59 Metern und einer Breite von rund 13 Metern kann der Neubau 30 Pkw oder 5 Lkw und maximal 199 Passgiere auf der Route zwischen Søby auf der dänischen Insel Ærø und Fynshav auf der Insel Als befördern – hin und zurück eine Strecke von 22 Seemeilen. Damit zählt die Fähre zu den mittelgroßen Fährschiffen der Ostsee und erfüllt eine wichtige Aufgabe in der Verkehrsabwicklung zwischen den Inseln. Die mit der neuen Fähre gewonnenen Erfahrungen fließen in die Weiterentwicklung schiffselektrischer Antriebe ein. Es geht voran! Keiner hat gesagt, dass man gleich auf Anhieb den perfekten Antrieb finden wird. Aber es ist ein Schritt in die richtige Richtung.

In den Jahren 2018/2019 haben wir eine Expedition unternommen, die sich inhaltlich mit der Fragestellung beschäftigte, welche technischen Möglichkeiten es bereits gibt, um dem Klimawandel Einhalt zu gebieten.

Nicht alle von uns aufgesuchten Projekte hatten etwas mit dem Klimawandel zu tun. Es ging insgesamt um Veränderungen um und an den Küsten, hervorgerufen durch den Klimawandel, aber auch durch die Vermüllung der Meere, Überfischung und andere Faktoren. Wir wollten dabei nicht nur auf Probleme aufmerksam machen – die sind teilweise hinlänglich bekannt –, sondern insbesondere Lösungsvorschläge aufzeigen. Wie ist der Stand der technischen Entwicklung? Wie machen es die anderen Länder? Wie gehen die Menschen vor Ort mit den Herausforderungen um? Es hat nie geschadet, über seinen nationalen Tellerrand hinwegzublicken und Anregungen von anderen Ländern aufzugreifen. Wir wollten sogenannte Best-Practice-Beispiele vorstellen, wie zum Beispiel technische Innovationen, die effektiv funktionieren und die Wege aus der Klimakrise aufzeigen. Dabei ist uns bewusst gewesen, dass es sicher nicht »die eine« Lösung für alle Probleme schlechthin gibt. Die unterschiedlichen Ansätze stehen vielmehr in Abhängigkeit von geografischen, wirtschaftlichen oder klimatischen Parametern – um nur einige zu nennen.

Auf zahlreichen Veranstaltungen, in denen es um die Auswirkungen des Klimawandels ging, hatte ich immer wieder erlebt, wie Menschen, die der Thematik eigentlich aufgeschlossen gegenüberstehen, in eine Art Fatalismus verfielen. »Der Zug ist doch längst abgefahren, hat doch eh keinen Zweck mehr, etwas dagegen zu unternehmen« – das hörte ich am häufigsten. Diese Reaktion mag auf den ersten Blick verständlich sein, aber sie ist gefährlich, da sie kontraproduktiv ist. Das Letzte, was wir brauchen, sind Menschen, die alle Hoffnung auf eine Lösung unserer Probleme aufgegeben haben. Gerade jetzt benötigen wir Pioniergeist, pfiffige, innovative Technologien, aber auch Strategien, auf diesem Weg die Menschen mitzunehmen und nicht auszugrenzen. Man muss die Sorgen und den Unmut vieler Bürger gegenüber Windkraftanlagen ernst nehmen und versuchen, diese Blockadehaltung durch Dialog und konstruktive Lösungsvorschläge abzubauen. Deshalb an dieser Stelle ein Beispiel, wie es bereits gut funktioniert – übrigens besonders unter wirtschaftlichen Gesichtspunkten.

BUTENDIEK

Als wir im Mai 2018 vom Hamburger Hafen aus zu der zunächst auf zwei Jahre angelegten Ocean-Change-Expedition starteten, war eines unserer ersten Ziele der Windpark Butendiek, ca. 20 Seemeilen vor der Küste Sylts in der Nordsee gelegen. Um einen Offshore-Windpark zu besuchen, bedarf es umfangreicher Vorbereitungen und Genehmigungen. Die Berufsgenossenschaft wacht zu Recht sehr aufmerksam darüber, dass die Sicherheitsauflagen erfüllt werden. Voraussetzung für einen Besuch ist – neben der ohnehin erforderlichen Genehmigung des Betreibers – das Absolvieren eines mehrtägigen Sicherheitslehrgangs in Bremen. Dabei werden Abseiltechniken und andere sicherheitsrelevante

Techniken vermittelt. Ohne diesen Lehrgang darf niemand auf ein CTV (Crew Transfer Vessel) umsteigen bzw. eine der Anlagen betreten. Am 6. Juni 2018 war es so weit. Sobald wir von Helgoland kommend auf die uns zugewiesene Position gefahren waren, wurden wir über Funk angesprochen. Kurz darauf näherte sich ein CTV, auf das drei Crewmitglieder von uns mit dem Schlauchboot übersetzten. Der anschließende Übergang vom CTV zu der Windenergieanlage war mit hohen Sicherheitsvorkehrungen verbunden. Neben dem Nachweis der Sicherheitszertifikate wurden Schutzausrüstung, Steigschutzsicherung und Überlebensanzug ausgehändigt – das volle Programm. Jetzt erst konnte es losgehen.

Die Anlage Butendiek besteht aus 80 Windenergieanlagen des Typs Siemens SWT-3.6-120. Im August 2015 wurde sie in den Vollbetrieb genommen. Jede der Anlagen produziert 3,6 Megawatt Nennleistung. Insgesamt liegt die Leistung bei 288 Megawatt, ausreichend, um 370.000 Haushalte mit Strom zu versorgen. Der Park nimmt eine Fläche von 33 Quadratkilometern zuzüglich einer Schutzzone von 500 Metern ein. Soweit die Daten. Nach der Katastrophe von Fukushima und dem daraus resultierenden Ausstieg aus der Kernenergie wurde der Bau neuer Anlagen forciert.

Offshore-Anlagen sind anders als Onshore-Anlagen aufgrund ihrer isolierten Lage in der öffentlichen Wahrnehmung nicht so präsent. Dabei haben natürlich auch sie einen Einfluss auf die Natur. Da die Windparks flächenmäßig groß und weithin sichtbar sind, stellen sie auf See gewissermaßen eine optische Beeinträchtigung dar. Über Schattenschlag

UNSER BESUCH AUF DER IN DER NORDSEE GELEGENEN OFFSHORE-WINDKRAFTANLAGE BUTENDIEK ERÖFFNET UNS EINEN EINBLICK IN DIE FUNKTIONSWEISE UND KOMPLEXE LOGISTIK SOLCHER KRAFTWERKE

oder Geräuschbelästigungen wird man sich kaum beschweren können, aber die Installation der Anlagen ist mit massiven Bauaktivitäten am Meeresgrund verbunden, die während der Bauphase erhebliche akustische Belastungen für Meeressäuger und Fischpopulationen verursachen. Ein weiteres Problem ist der Vogelschlag. Das betrifft nicht nur Zugvögel, die Opfer der Rotoren werden, sondern insbesondere die Gattung der Seetaucher, eine Seevogelart, die ihr Haupteinzugsgebiet in der Deutschen Bucht hat. Der Seetaucher zeigt ein ausgeprägtes Meideverhalten vor Schiffen und Offshore-Anlagen. Im Resultat führt dieses Verhalten dazu, dass er auf andere Brutregionen ausweicht, in denen es womöglich nicht das gleiche Nahrungsangebot für ihn gibt. Das wird dann zum Problem, wenn aufgrund des zur Verfügung stehenden Nahrungsangebotes die Reproduktionsrate sinkt. Butendiek liegt mitten im Vogelschutzgebiet – ein Grund, warum der NABU von Anfang an gegen den Windpark war und auch durch mehrere Instanzen geklagt und zuletzt bei der Europäischen Kommission Beschwerde eingelegt hat. In diesem Zusammenhang ist es interessant, einmal die Zahlen zu vergleichen. Laut dem Bundesamt für Naturschutz sterben europaweit an den Glasfassaden der Gebäude rund 240.000 Vögel – täglich. Das summiert sich auf die unglaubliche Zahl von rund 90 Millionen Tieren pro Jahr. Allein bei dem Bonner Post Tower kommt es laut einer Untersuchung täglich zu rund 1.000 Kollisionen, bei denen 200 Vögel sofort sterben, Hunderte andere erliegen etwas später ihren Verletzungen. Allein bundesweit sterben so mindestens 18 Millionen Vögel an den Glasfassaden.

— **ES STERBEN MEHR VÖGEL DURCH UMWELT-GIFTE, VERKEHR UND PLASTIK SOWIE AN DEN GLASFASSADEN DER STÄDTE ALS IN DEN ROTOREN DER WINDKRAFTANLAGEN. TROTZDEM IST JEDER TOTE VOGEL EINER ZU VIEL**

»Glas tötet unspezifisch, also potentiell alle Vogelarten, denn es wird in fast jeder Flughöhe verbaut. Es tötet Vögel unabhängig von Art, Alter, Geschlecht und Uhrzeit. Das belegen Studien aus den USA.«[19] Dagegen mutet der Vogelschlag an Windkraftanlagen noch relativ moderat an. Laut Hermann Hötker vom Michael-Otto-Institut sterben in den Anlagen pro Jahr zwischen 10.000 und 100.000 Vögel.[20] Wenn man die derzeit ungefähr 29.000 Onshore-Windkraftanlagen sowie die 1.400 Offshore-Anlagen in Deutschland zugrunde legt, liegen die Opferzahlen pro Anlage und Jahr bei ein bis fünf Vögeln. Um keinen falschen Eindruck zu erwecken – jeder einzelne tote Vogel ist einer zu viel. Aber zur Redlichkeit gehört dazu, dass man den Vogelschlag nicht instrumentalisiert, um den Bau von lästigen Anlagen zu blockieren, und dabei andere, viel gravierendere Ursachen des Vogelsterbens – wozu im Übrigen auch der durch CO_2-Emissionen verursachte Klimawandel zählt – vordergründig ignoriert. Andere Ursachen wie Straßen- und Schienenverkehr, Insektensterben, Plastikmüll und Fischerei sind dabei noch gar nicht berücksichtigt. Es klingt bitter und vielleicht ein wenig zynisch: Wir werden Kompromisse eingehen müssen und dabei das geringere Übel wählen. Städte und Glasfassaden werden bleiben und auch in Zukunft weiter gebaut werden. Windkraftanlagen kann man, sobald eine bessere Energieform verfügbar ist, abbauen und schreddern. Aber so weit sind wir leider noch nicht. Wenn wir die Klimaschutzziele erreichen wollen, müssen wir bis 2030 65 Prozent Ökostrom einspeisen. Dafür brauchen wir nicht weniger, sondern mehr Windkraftanlagen. Auch wenn es schmerzt: Die im Umkehrschluss zu erwartende Klimaveränderung würde viel dramatischere Auswirkungen auf die Vogelwelt haben – und nicht nur auf diese.

Zurück zu den Offshore-Windparks. Sie müssen umfahren werden, was für die Schifffahrt zu größeren Umwegen führt. Für die Großschifffahrt dürfte das kaum von Belang sein. Eher schon für die Fischerei. Innerhalb der Windparks darf nämlich nicht gefischt werden. Sie sind für die Fischerei und für die Sportschifffahrt gesperrt, was ganz klar zu einer Beeinträchtigung führt. Soweit die Nachteile. Was bieten sie für Vorteile?

Vielleicht das Wichtigste zuerst: Im Jahr 2019 gingen 160 neue Windkraftanlagen mit einer Leistung von insgesamt 1,11 Gigawatt ans Netz. Damit waren 2019 231 Anlagen in der Ostsee und 1.164 in der Nordsee in Betrieb. Hinzu kommen noch sogenannte Nearshore-Anlagen, von denen es 70 an der Zahl gibt. Zusammen erzeugen sie eine Nennleistung von 6.319 Megawatt. Das entspricht etwa der Leistung von drei Kernkraftwerken.

Der Praxisbetrieb der Offshore-Anlagen hat viele der anfänglichen Bedenken ausgeräumt. Wohl auch, weil die Betreiber bzw. Bauherren die Befürchtungen der Umweltschützer rechtzeitig ernst genommen haben. Um die beim Rammen der Fundamente entstehende Geräuschbelastung zu minimieren, hat man sogenannte Seal Scarer (Robbenvergrämer) eingesetzt. Dabei werden für Meeresbewohner nervige, aber unschädliche Geräusche generiert, um besonders Schweinswale von der Baustelle fernzuhalten. Da diese Tiere äußerst sensibel auf Geräusche reagieren und Schaden an ihrem empfindlichen und überlebenswichtigen Gehör nehmen könnten, versucht man, sie vor dem Beginn der Baumaßnahmen durch den Seal Scarer auf Abstand zu halten. Zugleich wird beim Rammen ein Blasenschleier aus Pressluft um die Bohrlöcher gelegt. Dieser Vorhang aus Luftblasen dämmt den Schall und überführt ihn gewissermaßen in ein anderes Medium – die Luft – und damit an die Oberfläche. Bis zu 95 Prozent der Schallbelastung sollen dadurch absorbiert werden.

Keine Frage, die Baumaßnahmen haben massive Auswirkungen auf die Meeresbewohner. Allerdings nicht nur negative. Untersuchungen haben ergeben, dass nach Abschluss der Bauarbeiten das marine Leben zurückkehrt. »Die Besiedelung beginnt, wenn sich der Staub gesetzt hat«, erklärt Mark Lenz vom Helmholtz-Zentrum für Ozeanforschung in Kiel.[21] Sobald es ruhig geworden ist, finden sich alte und neue Lebensformen in dem neu gewonnenen Schutzgebiet ein. »Reef-Effect« nennt man den Vorgang, wenn sich Muscheln, Algen, Krustentiere und Würmer an den Fundamenten und Stützen der Anlagen festsetzen und damit neue Lebensräume entstehen lassen. Die Nordsee besteht aus einem eher sandigen Boden. Durch die Windräder entstehen so etwas wie künstliche Riffe. Das Befahrungs- und Fischereiverbot bewirkt, dass sich im Windpark ein neues Schutzgebiet bildet und eine neue Meeresflora und -fauna heranwachsen lässt. Nicht zuletzt gehört dazu auch eine Art Kinderstube für den Fischnachwuchs, der ungestört von der Fischerei dort aufwachsen kann. »Die lokale Biodiversität nimmt zu«, sagt die Meeresbiologin Jennifer Dannheim vom Alfred-Wegener-Institut für Polar- und Meeresforschung. Durch die Fundamente und die im Meer stehenden Füße der Windkraftanlagen entstehen zudem veränderte Strömungsbedingungen. Anfangs hatte man das eher sorgenvoll betrachtet; inzwischen weiß man, dass durch die Verwirbelungen »Kolke« entstehen – Ausbuchtungen und Höhlen, in denen Fische laichen. Muschelpopulationen wachsen an den Pfeilern. Auch hier gab es anfangs Bedenken, dass dadurch die Statik der Anlagen beeinträchtigt werden könnte. Jetzt jedoch hat man herausgefunden, dass der Muschelbewuchs aufgrund seines Eigengewichtes nach einer gewissen Zeit abfällt und auf dem Meeresboden landet. Das Gewicht an den Pylonen bleibt konstant. Und noch ein ganz anderer interessanter Effekt kommt hinzu: Bevor die Anlagen installiert werden können, muss der Meeresboden von Müll gereinigt werden – das gilt besonders für Munitionsreste aus den beiden Weltkriegen. Wahrlich eine sinnvolle Sache!

— BIS 2030 SOLLEN 20 MILLIONEN HAUSHALTE IN DEUTSCHLAND MIT DER IN OFFSHORE-WINDPARKS ERZEUGTEN ENERGIE VERSORGT WERDEN

Im Jahr 2016 gab es in der Onshore-Windindustrie 133.800 Beschäftigte, im Offshore-Bereich waren es 27.200 (Bundesverband Windenergie, BWE). Doch immer komplizierter werdende Genehmigungsverfahren und vor Gerichten anhängige Klagen sowie die durch das Erneuerbare-Energien-Gesetz von 2014 vorgeschriebene europaweite Ausschreibung verzögerten den Bau neuer Anlagen. Die Zahl der in der Windenergie Beschäftigten schrumpfte ein Jahr später bereits um

— WIR SOLLTEN NICHT LEICHTFERTIG UNSER KNOW-HOW UND UNSERE MARKTANTEILE BEI DEN ERNEUERBAREN ENERGIEN ANDEREN LÄNDERN ÜBERLASSEN

25.000 Mitarbeiter. 2018 fielen weitere 8.000 Jobs weg, 2019 waren es nochmals 10.000. Ende 2019 waren gerade noch 117.000 Menschen in der Windenergie beschäftigt. Wenn man diese Zahlen betrachtet und dann die Diskussion um den Kohleausstieg im Hinblick auf die Beschäftigungszahlen bewertet, wird deutlich, dass im alternativen Anlagenbau gerade deutlich mehr Arbeitsplätze vernichtet werden als im Kohlebergbau – nur nimmt das keiner so richtig zur Kenntnis. Die Klageflut und der Stau an Genehmigungsverfahren führten unter anderem dazu, dass der Turbinenbauer Senvion Insolvenz anmelden musste.

Kohleverstromung ist ein Auslaufmodell, erneuerbare Energie hingegen das Zukunftsmodell. Arbeitsplätze entstehen auf ebendiesem Gebiet – und nicht im Kohlebergbau. Wenn wir als Technologiestandort nicht aufpassen, wandern Know-how wie auch Arbeitsplätze und Produktionsstätten ins Ausland ab.

Die deutsche Windenergie hat offenbar ein großes Interesse daran, das Bild, das sich viele Menschen von den Offshore-Anlagen machen, zu korrigieren. Öffentlichkeitsarbeit ist mittlerweile ein wichtiges Instrument für die Unternehmen geworden. Etwas spät! In den zurückliegenden Jahren hat man es seitens der Anlagenbauer wie auch der Betreiber nicht für nötig erachtet, die Bevölkerung durch Öffentlichkeitsarbeit auf dem Weg mitzunehmen. Das rächt sich heute. Unser Ausflug auf die Umspannplattform im Windpark Butendiek macht deutlich, dass man das ändern möchte.

Laut Aussage des BWE (Bundesverband Windenergie) hat die Windenergie im Jahr 2019 erstmals mit 132 Milliarden Kilowattstunden Leistung die Braunkohle mit 102 Milliarden Kilowattstunden überflügelt. Es folgen Kernenergie mit 71 Milliarden Kilowattstunden, Steinkohle mit 49 Milliarden Kilowattstunden, Photovoltaik mit 47 Milliarden Kilowattstunden, Biomasse mit 44 Milliarden und Wasserkraft mit 19 Milliarden Kilowattstunden. Die Entwicklung schreitet voran, die Relationen verschieben sich zugunsten der erneuerbaren Energien. Wir müssen jedoch aufpassen, dass wir unser Tempo nicht verlangsamen – natürlich ohne dabei die notwendigen Naturschutzmaßnahmen aus den Augen zu verlieren. Aber die Energiewende ist eine der größten Naturschutzmaßnahmen aller Zeiten! Die knapp 4.000 Insulaner von Samsø haben rechtzeitig angefangen, die Energiewende auf ihrer 112 Quadratkilometer großen Insel umzusetzen. Und sie haben gezeigt, dass es machbar ist.

DAS KLIMA WARTET NICHT AUF UNS

SAMSØ: DIE ENERGIE-AUTARKE INSEL

Die erste Insel, die in den nächsten 10 Jahren
komplett energie-autark sein wird?

11 ONSHORE-WINDANLAGEN

1 Anlage generiert genug Energie,
um **630 Haushalte** zu versorgen.
Überschüssige Energie wird zum
Festland übertragen.

OFFSHORE-WINDANLAGEN

**10 103 Meter hohe Offshore-
Windanlagen** wurden 2003 errichtet.
Die Offshore-Windkraftanlagen exportie-
ren über das Jahr gesehen eine größere
Menge »grünen Strom« ans Festland,
als Samsø für den Transport verbraucht –
inkl. dem Ölverbrauch für die Fähren.

X FERNHEIZKRAFTWERKE

Tranebjerg
Heizt **263** Haushalte

Ballen / Brundy
Heizt **232** Haushalte

Onsbjerg
Heizt **76** Haushalte

SAMSØ: FAKTEN ÜBER DIE INSEL

Größe:	114 km²
Einwohner:	4.000
Investment:	DKK 368 Millionen

SOLARKRAFTWERKE

Insgesamt **2.500 m²** Solarpaneele,
kombiniert mit Holzpellet-Öfen mit
einer Energieleistung von **900 KW**,
versorgen Privathaushalte.

ENERGIEÜBERSCHUSS

Die Offshore-Windanlagen produzieren
eine so große Energiemenge, dass die letzten 30 % Wärmeenergie, die bislang noch
nicht durch erneuerbare Energien auf
Samsø produziert werden, kompensiert
werden können.

11 1-MW Windräder auf der Insel
Generieren 28.000 MWh – das ist mehr Elektrizität,
als die Insel braucht. Die Leistung wäre äquivalent mit
690.000 Gallonen Öl zu erbringen.

___ Die rein elektrisch betriebene Fähre ELLEN pendelt zwischen dem Hafen Søby auf der Insel Ærø und Fynshav auf der Insel Als. Sie ist seit 2019 erfolgreich in Betrieb.

___ Bei ruhigem Wetter erreichen
wir den Windpark und
werden bereits erwartet.
Unserem Besuch war ein
aufwendiges Genehmigungs-
verfahren vorausgegangen.

___ Mit dem CTV (Crew Transfer Vessel) setzen wir zu der Plattform über.

___ Das Service- und Hotelschiff für die Mechaniker liegt im Windpark auf Stand-by. Mittels eines langen Auslegers können die Mechaniker direkt vom Schiff zu den jeweiligen Anlagen übersteigen.

12

DAS UNBEUG-SAME DORF

Ein schlauer Mensch hat einmal gesagt:
»Nicht diejenigen protestieren, die etwas haben
wollen, sondern diejenigen, die schon alles haben
und die keine Veränderungen wollen.«
Eine Aussage, die leider allzu oft stimmt.
Dass nicht alle so denken und handeln, zeigt
ein kleines Dorf in der Mitte Deutschlands

___ Neben der Windenergie spielt die Photovoltaik bei der Stromerzeugung eine immer größere Rolle.

Nachdem der erste Windpark auf dem ehemaligen Gelände der Versuchsanlage GROWIAN ans Netz gegangen war, schossen die Windräder wie die Pilze aus dem Boden. Anfangs skeptisch beäugt, wurden sie schnell von cleveren Anlegern und Investoren als eine renditeträchtige Geldanlage erkannt. Die staatlich garantierte Einspeisevergütung minimierte das finanzielle Risiko und wurde von Kritikern wohl auch nicht ganz zu Unrecht als Wettbewerbsverzerrung angesehen. Aber die gab es bei den konventionellen Kraftwerken auch, und zwar massiv. Kohle und Kernkraft waren Energieträger, die jahrelang hoch subventioniert wurden! Den Wind gab und gibt es im Gegensatz zu Kohle und Öl umsonst. Und es fallen bei ihm auch keine radioaktiv strahlenden Abfälle an, deren Endlagerung bis zum heutigen Tag völlig ungeklärt ist. Dennoch polarisierte die Windkraft die Bevölkerung. Die einen wetterten über die »Verspargelung der Landschaft«, andere sahen in ihr die Lösung aller Energieprobleme. Später kam die Photovoltaik hinzu, Felder wurden mit Solarpaneelen bestückt, Biogasanlagen gingen in Betrieb. An Letzteren gab es ebenfalls viel Kritik, weil plötzlich überall Monokulturen als Treibstoff für die Biogasanlagen entstanden – landwirtschaftliche Flächen wurden so zur Brennstoffgewinnung für die Anlagen umgenutzt. Dort, wo sonst Getreide angebaut wurde, entstanden flächendeckende Maisfelder.

Zu Beginn des Windenergiebooms wurde seitens der Kohleindustrie zugleich der Abbau von Arbeitsplätzen beklagt, ohne dabei zu berücksichtigen, dass zeitgleich zahlreiche neue Arbeitsplätze in der Windenergiesparte entstanden. Zur besten Zeit arbeiteten rund 300.000 Menschen in der Windenergie, in der Steinkohleförderung, unter Tage, waren es in den letzten Jahren gerade mal ein paar Hundert Menschen. Die Steinkohlekraftwerke mit eingerechnet, betrug die Zahl der Beschäftigten insgesamt ca. 5.400. In der Braunkohleförderung waren es ca. 15.400.[22] Einmal vom persönlichen Schicksal des einzelnen Beschäftigten abgesehen – Kohleverstromung ist eine auslaufende Technologie. Und auch hier gibt es Folgekosten, wie etwa die »Ewigkeitsregel«, nach der alte Schächte wegen des erforderlichen Grundwassermanagements gewartet werden müssen. Eine alte Technologie wurde durch eine neue, innovative und umweltfreundliche abgelöst. Und natürlich braucht es sozial verträgliche Lösungen, um die Auswirkungen dieses Wandels abzufedern. Aber solche Veränderungen hat es in der Industrialisierung immer gegeben. Die gute alte Dampflok wurde von der Diesellok und schließlich von E-Loks abgelöst. Fossile Brennstoffe sind, wie wir wissen, ursächlich für die Klimaveränderung verantwortlich. Es müssen Alternativen her. Trotz aller Anlaufschwierigkeiten und Unstimmigkeiten im Detail – den regenerativen Energiequellen gehört die Zukunft. Die Transformation ist nicht in wenigen Jahren zu bewältigen, aber sie ist möglich – und unausweichlich.

Umso mehr macht mir das Phänomen zu schaffen, dass eine zunehmende Abneigung einiger Mitbürger gegenüber neuen Energiekonzepten, insbesondere der Windenergie, entsteht. Und zwar nicht etwa aus grundsätzlichen Überlegungen heraus, sondern aus sehr persönlichen. Die Stimmungslage lässt sich am besten so beschreiben:»Windenergie und Stromleitungen meinetwegen, aber bitte nicht in meiner Nachbarschaft.« Dort, wo eine neue Windkraftanlage genehmigt und aufgebaut werden soll, regt sich sofort Widerstand. Selbst die Nachrüstung bestehender Anlagen, das sogenannte Repowern, wird energisch bekämpft. Sofort bilden sich Bürgerinitiativen, Anwaltsbüros werden mit Klagen beauftragt. Viele – nicht alle! – der Kläger, die sich zuvor wenig Gedanken um das Wohl von Fledermäusen oder Rotmilanen gemacht haben, entdecken diese fliegenden Spezies plötzlich als probates Mittel, um sich gegen die Windkraft und Hochspannungsleitungen – und selbst Erdkabel – zur Wehr zu setzen. Wie aber soll die Energieversorgung für einen Wirtschaftsstandort Deutschland funktionieren? Wenn ich sowohl gegen Kernkraft wie Kohleverstromung bin und zudem auch keine Windenergie zulassen sowie die benötigten Stromtrassen erlauben möchte, woher beziehe ich dann die benötigte Energie?

Das erklärte Ziel der Bundesregierung ist es, bis zum Jahr 2030 den Anteil an erneuerbaren Energien auf 65 Prozent zu erhöhen. Die in Regierungskreisen diskutierte Abstandsregelung von Windkraftanlagen würde diese Pläne zunichtemachen. Laut Umweltbundesamt würde ein pauschaler Siedlungsabstand von 1.000 Metern die Windenergie in Deutschland um 20 bis 50 Prozent reduzieren. Anstelle eines angestrebten Leistungspotenzials von 80 Gigawatt stünden dann nur noch 43 bis 63 Gigawatt zur Verfügung. »Ein Zubau von Windenergiekapazitäten gegenüber dem Status quo wäre faktisch nicht möglich«, so das Ergebnis der Studie. Analog dazu stehen die Windkraftanlagenhersteller vor enormen wirtschaftlichen Problemen. Der Verlust von Arbeitsplätzen – in der Kohleindustrie immer wieder als Argument angeführt – findet in der öffentlichen Wahrnehmung kaum Beachtung. Die Abwanderung von technischem Know-how sowie die Verlagerung von Produktionsstätten ins Ausland würde Deutschland als Hersteller derartiger Windanlagen schwächen. Das kann nicht in unserem Interesse sein.

— **DIE ENERGIEWENDE ERFORDERT VON UNS ALLEN EIN UMDENKEN UND ZUGESTÄNDNISSE. ABER WIR HABEN KEINE ANDERE WAHL**

Sicher fallen Vögel den Rotoren zum Opfer – das ist schlimm, und man wird sich Gedanken machen müssen, wie man die Tiere von den Anlagen fernhält. Den Vogelschlag aber zu instrumentalisieren, um optische Beeinträchtigungen in seiner Nachbarschaft zu verhindern, ist unsolidarisch und aus meiner Sicht nicht legitim. Darüber, dass Vögel in großen Mengen an den Glasfassaden der Großstädte oder den hell beleuchteten Brücken über den Großen Belt und anderswo sterben, redet kaum einer. Und auch nicht darüber, was teilweise in der Natur passiert. Denn wie mir ein Mitarbeiter der Nationalparkverwaltung Wattenmeer erzählte, lernen die Seeadler, mit der Gefahr umzugehen und die Nähe zu den Rotoren zu vermeiden. Um nicht missverstanden zu werden: Jeder Vogel, der auf diese Weise zu Tode kommt, ist einer zu viel – aber der Schaden, den wir durch die Klimaveränderung anrichten, betrifft die Tierwelt in einem viel größeren Umfang und vernichtet die existenzielle Grundlage ganzer Populationen.

Das eine ist, was wir möchten, das andere, was wir brauchen. Ohne langfristig schlüssige Energiekonzepte bricht unsere Industriegesellschaft zusammen und damit auch der Wohlstand. Die Idylle ohne lästige Rotoren, Stromtrassen oder Biogasanlagen wird dann schnell zu einer Einöde.

Wie es anders funktionieren kann, zeigt als Beispiel das kleine Dorf Hausbay im Rhein-Hunsrück-Kreis. Dort gehört die Energiewende zum Alltag. Windräder gehören zum Landschaftsbild, die Dächer der Häuser sind mit Photovoltaikanlagen bestückt. Ähnlich wie auf der dänischen Insel Samsø sind keine fremden Investoren beteiligt. Das Dorf produziert dreimal mehr Strom, als es verbraucht. Der Überschuss wird ins Netz eingespeist, um Städte wie Koblenz zu versorgen. Nordwestlich von Hausbay befindet sich der Prototyp einer Windkraftanlage mit einer Nabenhöhe von 164 Metern. Bei einem Rotordurchmesser von 131 Metern verfügt die Anlage über eine Nennleistung von 3.300 Kilowatt. Sie war bei Inbetriebnahme mit 229,5 Meter Gesamthöhe bis zur Blattspitze in 12-Uhr-Position die höchste Windkraftanlage der Welt und eines der höchsten Bauwerke in Rheinland-Pfalz. Im ersten Betriebsjahr erzielte die Anlage bei 6,1 m/s durchschnittlicher Windgeschwindigkeit und trotz phasenweiser Abschaltung für planmäßige Vermessungszwecke einen Energieertrag von über neun Millionen Kilowattstunden.[23] Der Kreis leistet sich sogar einen Klimaschutzmanager.[24] Laut seiner Aussage gibt es im Kreis gerade einmal 20 Windkraftgegner – denen 103.000 Befürworter gegenüberstehen. Die Ursache der hohen Zustimmungsrate liegt in dem Geschäftsmodell. Die Bürger selbst, nicht ortsfremde Investoren, sind Eigentümer der Anlagen. Und damit sind die Bürger über die Gemeinde auch die Profiteure. Die Wertschöpfung bleibt komplett in der Region. Benachbarte Dörfer, die selbst keine Windräder aufgestellt haben, aber auf die Anlagen blicken, partizipieren an den Gewinnen. Auf diese Art und Weise werden Neid und Missgunst neutralisiert. Die Menschen stehen hinter den Maßnahmen. Ein cleveres Management wirbt öffentliche Fördermittel für Umweltprojekte ein, die zusammen mit den erwirtschafteten Eigenmitteln in neue Umweltprojekte investiert werden. Wie etwa in ein Fernwärmenetz, das mit Grünschnitt und organischen Abfällen bestückt wird, oder in eine Solarthermieanlage zur Gewinnung von Heißwasser. Im Rhein-Hunsrück-Kreis sind die Klimaziele von Paris längst Realität. Für Windkraftgegner zeigt man dort wenig Verständnis: »Wenn wir nichts gegen den Klimawandel tun, erkennen wir den Hunsrück in 20 Jahren überhaupt nicht mehr wieder – weil alle Fichten und andere Bäume gestorben sind.«[25] Ein Problem, das auch die Verwaltung Nationalpark Schwarzwald beklagt. Dort werden 43 Prozent der Waldfläche als geschädigt angesehen. Die extreme Trockenheit der letzten Jahre sowie Schädlinge wie der Borkenkäfer setzen insbesondere den Fichtenwäldern zu. Ein Forstbeamter hat es mir so erklärt: »Durch die trockenen Sommer der vergangenen Jahre befinden sich die Bäume in einer Art Stressmodus. Wenn sie gesund sind, wehren sie sich gegen die Schädlinge mit einem erhöhten Harzaufkommen und verkleben damit die Gänge und die Parasiten selbst. Durch die Trockenheit funktioniert dieser Schutzmechanismus nicht mehr. Die Bäume sterben ab.«

IM RHEIN-HUNSRÜCK-KREIS SIND DIE KLIMA-ZIELE VON PARIS SCHON LÄNGST REALITÄT. FÜR WINDKRAFTGEGNER ZEIGT MAN HIER WENIG VERSTÄNDNIS

Der Klimawandel findet also nicht nur »irgendwo ganz weit weg« statt, kostet nicht nur Unsummen an Geld, sondern er vernichtet auch im großen Stil Naturlandschaften, auch hier bei uns, die wiederum Teil unserer Kulturlandschaft sind.

Es ist wie auf Samsø, wie ich es im vorhergehenden Kapitel beschrieben habe: Diese Art von Bürgerpark, die Einbindung der Menschen vor Ort in die Konzepte, bewirkt etwas. Nicht nur das primäre Einverständnis für ein bestimmtes Projekt, sondern noch viel mehr. Plötzlich werden insgesamt klimafreundliche Projekte aufgegriffen und diskutiert, wie etwa neue Mobilitätskonzepte. Von den erwirtschafteten Überschüssen werden in Hausbay E-Bikes gekauft – einschließlich eines Lastenfahrrads –, die kostenlos von den Bürgern ausgeliehen werden können. Ein erstes Elektroauto zur kostenlosen Nutzung soll folgen: Carsharing auf einer kommunalen Ebene. Die durch diese Maßnahmen steigende Lebensqualität bewirkt ebenso wie die freiwerdenden finanziellen Mittel, dass entgegen dem allgemeinen Trend die Dörfer des Kreises wiederbelebt werden. Kitas und Grundschulen bleiben geöffnet. Menschen ziehen wieder aufs Land zurück, und es bilden sich wieder lebendige Dorfstrukturen und Lebensgemeinschaften.

Und die Windräder? Längst sind die alten Mühlen gegen neue, effektivere und leisere Anlagen ausgetauscht worden. Die technische Entwicklung steht ja nicht still. »Und wenn es irgendwann eine neue, bessere Quelle für grüne Energie geben sollte, würden die Windräder eben einfach abgebaut und recycelt.« So ist es! Ein Kernkraftwerk kann nicht schnell abgebaut und recycelt werden ...

Eines der ersten Kernkraftwerke Deutschlands steht als Bauruine immer noch in Stade, obwohl es bereits 2003 stillgelegt wurde. Seitdem findet der Rückbau statt, der nicht nur teuer ist und, wie sich zeigt, Jahrzehnte dauert, er produziert auch radioaktiven Restmüll, der irgendwo eingelagert werden muss. Nur weiß keiner, wo. Um den Energiekonzernen, die jahrzehntelang Milliardengewinne eingefahren haben, den Ausstieg zu versüßen, gibt es das »Gesetz zur Neuordnung der Verantwortung in der kerntechnischen Entsorgung«, das 2017 in Kraft getreten ist. Das Gesetz regelt die Verantwortung für den Atomausstieg und sichert die Finanzierung für die Stilllegung, den Rückbau und die Entsorgung der Anlagen.[26] Damit ist geregelt, dass die Kraftwerksbetreiber zwar weiterhin für die Bereiche Stilllegung, Rückbau und Verpackung der radioaktiven Abfälle verantwortlich sind; für die Zwischenlagerung sowie die Endlagerung ist aber fortan der Bund – also der Steuerzahler – zuständig. Zwar haben die Betreiber ihre aus dem Strompreis generierten Rücklagen für diese Maßnahmen in Höhe von 24,1 Milliarden Euro an den Bund abgetreten, aber die Kosten dürften in der Gesamtheit deutlich höher ausfallen. Übrigens ein Problem, das eine Nation wie Frankreich, das nach wie vor auf Kernenergie setzt, ebenfalls hat bzw. in der Zukunft haben wird

Nach Fukushima war der Ausstieg aus der Kernkraft in Deutschland beschlossene Sache. 2022 soll bei uns das letzte Kernkraftwerk vom Netz gehen. Mit dem Hinweis auf Nachbarländer wie Frankreich oder Großbritannien gibt es jedoch immer wieder Stimmen, die eine Rückkehr zur Kernkraft befürworten. Andere Nachbarn wie Österreich, die

— **DIE KERNKRAFT HAT UNS ALTLASTEN BESCHERT, DIE NOCH UNZÄHLIGE GENERATIONEN BESCHÄFTIGEN WERDEN. DAS PROBLEM DER ENDLAGERUNG IST NACH WIE VOR UNGELÖST**

Schweiz, Italien oder Belgien haben sich ebenfalls von der Kernkraft verabschiedet, wieder andere Länder wie Dänemark haben diese gar nicht erst eingeführt. In Österreich hat man sogar nach einem Volksentscheid ein bereits fertiggestelltes Kernkraftwerk gar nicht erst ans Netz genommen und zudem vor dem Internationalen Gerichtshof in Den Haag gegen die geplanten Kernkraftwerke in Tschechien und Polen geklagt. In der Schweiz werden keine Baugenehmigungen für neue Anlagen mehr erteilt. Polen, das 80 Prozent seiner Energie aus der Kohleverstromung erzeugt, steht unter Druck, seine CO_2-Emissionen zu senken. Im Verbund mit Tschechien, Ungarn und Frankreich hatten sich diese Staaten auf einem EU-Gipfel dafür eingesetzt, einen Extrapassus in die Abschlusserklärung einzubauen, nach dem die Atomkraft als legitimes Mittel angesehen wird, um die Klimaziele von 2050 zu erreichen.

Auch Großbritannien will an der Kernenergie festhalten, um den Kohleausstieg und die Klimaschutzziele einzuhalten. Am Beispiel der beiden Blöcke in Hinkley Point in der Grafschaft Somerset im Südwesten Englands wird aber deutlich, dass die Kernenergie schnell zu einem Milliardengrab werden kann – von den Risiken einmal abgesehen. Im März 2013 erhielt Électricité de France (EdF) die Genehmigung für den Bau eines neuen Kraftwerks. Da der Bau aufgrund der hohen Investitionskosten wirtschaftlich nicht rentabel ist, hatte EdF als Bedingung für einen Bau staatliche Subventionen in Form eines garantierten Stromabnahmepreises verlangt, über den bis Oktober 2013 mit der Regierung verhandelt wurde. Laut der englischen Medienanstalt BBC würde ein garantierter Mindestpreis unterhalb von 90 Pfund pro Megawattstunde – das entspricht etwa dem doppelten Betrag, der für Strom in Großbritannien gezahlt wird – dazu führen, dass das Kernkraftwerk Verluste schreibt. Insgesamt wird das Kraftwerk mit 100 Milliarden Euro durch Großbritannien subventioniert.[27]

Wenn das von Verzögerungen und Bauunterbrechungen geplagte Mammutprojekt irgendwann mit erheblicher Verspätung ans Netz gehen wird, ist es unter wirtschaftlichen Gesichtspunkten ein Desaster.

Andere Kernkraftwerke im Vereinigten Königreich werden bald ihre Laufzeit erreicht haben und abgeschaltet werden müssen. Geplante Neubauprojekte scheitern an den extrem hohen Kosten oder fehlenden Investoren. Eine Kilowattstunde Atomstrom kostet bei uns rund zehn Cent, Tendenz steigend – im Gegensatz zu sieben Cent pro Kilowattstunde Solarstrom oder gar vier Cent bei Windenergie, Tendenz bei beiden fallend. Neubauprojekte von Kernkraftwerken dauern von der Planung über die Genehmigungsverfahren bis zur Inbetriebnahme mittlerweile Jahrzehnte. Forschungsprojekte, wie der von Bill Gates initiierte und finanzierte sogenannte Laufwellenreaktor, befinden sich im frühen Forschungsstadium. Es gibt derzeit noch keine Versuchsreaktoren, und bis zu einer möglichen Serie würden Jahrzehnte vergehen. Von den Risiken einmal ganz abgesehen – es entstünde Plutonium –, haben wir schlichtweg nicht die Zeit, uns nur auf Zukunftsvisionen zu verlassen. Das Klima wartet nicht auf uns oder auf mögliche technologische Neuentwicklungen, die vielleicht in ein paar Jahrzehnten einsatzbereit wären. Wir müssen *jetzt* handeln, in diesem Moment, mit den uns zur Verfügung stehenden Technologien und Strukturen.

Dazu gehört auch das Wiedererstarken der in Deutschland üblichen regionalen Stadtwerke. Es ist ein Schritt in die richtige Richtung. In den Stadtwerken Oerlinghausen zum Beispiel hat man die Zeichen der Zeit offenbar rechtzeitig erkannt. Dort betreiben die Stadtwerke sehr erfolgreich mehrere Blockheizkraftwerke, die hocheffizient Wärme und Strom gleichermaßen erzeugen und in die Haushalte liefern. Das Stichwort heißt Kraft-Wärme-Kopplung. Nach den Worten des Geschäftsführers Peter Synowski liegt der Schlüssel zur CO_2-Reduzierung in der Beheizung der eigenen Häuser oder der Wohnungen: »Wenn jeder sein eigenes Öl oder Gas verbrennt, ist das viel klimaschädlicher, als wenn die Wärme von einer zentralen Energieerzeugung in der Stadt geliefert wird, wo zudem noch Strom dabei produziert wird.« Der größte lokale Energielieferant ist hier das Heizkraftwerk an der Bleiche, das derzeit umfangreich erweitert wird. Weitere Blockheizkraftwerke sind in der

Planung. 87 Prozent der gesamten Oerlinghausener Wärme wird aus regenerativer Biomasse in Form von Holzhackschnitzeln erzeugt. Insgesamt wird in Oerlinghausen durch neue Anlagentechniken und Versorgungsnetze der CO_2-Ausstoß deutlich verringert. Das Beispiel zeigt, dass lokale Energieversorger viel flexibler auf die regionalen Bedürfnisse und Möglichkeiten eingehen können, als das bei den großen Energieerzeugern der Fall ist. Synowski und seine Mitarbeiter leben in der Region – sie haben eine persönliche Bindung dorthin und die Möglichkeit zu gestalten. Und sie machen davon Gebrauch. Klimaneutralität ist das erklärte Ziel der Stadtwerke Oerlinghausen.

Wir sehen: Die Potenziale der erneuerbaren Energien und CO_2-Einsparungen sind noch längst nicht erschöpft. Wir stehen erst am Anfang und müssen den Blick nach vorn richten, anstatt darüber zu lamentieren, dass Kernkraft keinen Anteil an der deutschen Energiegewinnung haben wird. »Dieser Zug ist abgefahren.« So urteilen selbst die Energieunternehmen! Und das nicht erst seit gestern! Denn schon im Jahr 2015 schrieb das *Handelsblatt*:

»ATOMKRAFT IST DIE WAHRSCHEINLICH GRÖSSTE UND SCHLECHTESTE INVESTITION IN DER GESCHICHTE DER BUNDESREPUBLIK.«[28]

___ Das seit Jahren stillgelegte Kernkraftwerk Stade. Die Entsorgung des
gesamten Werks ist extrem aufwendig und dauert Jahre.

Die GROWIAN-Versuchsanlage – ein von vornherein
zum Scheitern geplantes Projekt.

13

_ ES GEHT AUCH ANDERS

Wie machen es die anderen? Island verfügt über besondere geologische Voraussetzungen für die Energieerzeugung, die sich nicht auf andere Länder übertragen lassen. Es gibt eben nicht die eine Lösung für das Problem. Es muss nach regionalen und individuellen Lösungen gesucht werden

___ Die DAGMAR AAEN steuert einen isländischen Hafen an.
Die Segel sind bereits »hafenfein« gepackt.

Bis zu 350 °C ist der Dampf heiß, der aus den Bohrlöchern der Geothermiekraftwerke in Island aufsteigt. Dieser Dampf steht unter einem großen Druck und kann quasi direkt auf die Turbinen geleitet werden, um Strom zu produzieren. Solche Kraftwerke sind auf Island seit Jahrzehnten sehr erfolgreich in Betrieb. Einfach und genial – in Island gibt es die geologischen Voraussetzungen dafür. Das eigentliche Kraftwerk ist hier die Natur selbst. Als Nebeneffekt sorgt die Geothermie für heißes Wasser in den Wohnhäusern, die gleichzeitig über Fernwärme damit geheizt werden. Würde das überall auf der Welt so funktionieren, wären wir unserer Energiesorgen ledig. Leider funktioniert das eben nur auf Island.

Aber damit gibt man sich auf Island nicht zufrieden. Dampfwolken, die aus dem Boden aufsteigen, weisen uns den Weg nach Hellisheiði, einem Ort östlich der Hauptstadt Reykjavík. Während unseres Islandaufenthaltes besuchen wir Bergur und Sandra vom lokalen Energieversorger. Die beiden sprühen vor Begeisterung für ihr Projekt CARBFIX. Der Grundgedanke dahinter ist folgender: Um eine insgesamt negative Energiebilanz zu erwirken, wollen sie in der Atmosphäre befindliches CO_2 oder solches, das durch Industrieanlagen entsteht, neutralisieren. Die Idee ist so simpel wie genial: In Wasser gelöstes CO_2 wird zu Mineral (zum Beispiel Kalksit), wenn es auf unterirdisches Basaltgestein trifft. Das passiert seit Jahrtausenden auf natürliche Art und Weise. Der weiße Feststoff bleibt dann unter der Erde. Anders als das bei uns sehr umstrittene CCS-(Carbon Capture and Storage-)Projekt, bei dem CO_2 in Hohlräumen tief unter der Erde verpresst und gespeichert werden soll, wo es zum einen wieder entweichen oder andere kritische Auswirkungen entwickeln kann, wird das CO_2 auf Island von einem gasförmigen Zustand in einen festen umgewandelt. Dieser lässt sich problemlos im vorhandenen Basaltgestein lagern. Um diese Technik weiterzuentwickeln und zu erforschen, ist das Projekt, das Sandra, Bergur und ihre Kollegen betreuen, Teil eines europäischen Forschungsprojekts. Sowohl das konzentrierte CO_2 aus Industrieanlagen als auch jenes aus der Luft wird in Wasser gelöst und unter die Erde gepumpt. CO_2 aus der Luft? Wie funktioniert das? Wir stehen vor einer unscheinbaren Anlage, die aussieht wie ein überdimensionierter Ventilator, der auf einem Container angebracht ist. Das ist der »CO_2-Sammler«, gebaut von der Schweizer Firma Climeworks. Aufgrund der rauen Wetterlage in Island ist die Versuchsanlage zusätzlich mit einem Spanngurt festgezurrt. 50 Tonnen CO_2 werden mit der Testanlage jährlich aus der Luft geholt. Strom und Wärme braucht man dafür, die gibt es gleich nebenan. Mit Kohlestrom sollte man so eine Anlage natürlich nicht betreiben, erklärt Bergur, aber auf Island sind die Bedingungen ideal.

70 Prozent des CO_2 werden verwendet, 30 Prozent fixiert. Ein kleiner Technologiepark ist um die Anlage herum entstanden, ein kleines Gewächshaus und ein Container mit Algenproduktion nutzen das CO_2. Die restlichen 30 Prozent werden in Wasser gelöst – das kann man sich so vorstellen wie Sprudel in Limo – und ab zum Bohrloch, dem »Re-Injection Well«. Recht unscheinbar sieht die kleine runde Hütte darauf aus, aber darunter passiert die Magie: In 750 Meter Tiefe trifft das in Wasser gelöste Gas auf das Basaltgestein und wird zu Kalksit.

Und wie viel bleibt dann wirklich unten, wollen wir wissen. Mehr als 95 Prozent! Das sei ein fantastisches Ergebnis. Und an Ideen für die Ausweitung des Projektes mangelt es nicht. Sobald CO_2-Emissionen endlich einen echten Preis bekommen, steht auch einem ökonomischen Betrieb solcher Anlagen nichts mehr im Wege.

Island ist energetisch gesehen ein Traum! Die Energie steckt direkt unter der Erdkruste. Es dampft und blubbert, es riecht nach faulen Eiern, siedend heißes Wasser sprudelt aus dem Boden – eine Höllenküche. Gigantische Wasserfälle stürzen in die Tiefe, Sturmwinde fegen über die Gletscher, die Täler und Bergrücken und das karge Hochplateau. Umgeben ist die Insel von einem wilden, windgepeitschten Ozean, der sich tief in die Fjorde seinen Weg bahnt – kein Wunder, dass die Legenden der Trolle bis zum heutigen Tag in der Bevölkerung überdauert haben. Island ist nicht nur energetisch ein Traum – die Insel ist es auch landschaftlich. Eine ungezähmte, wunderschöne, aber gleichwohl moderne Insel.

Darüber hinaus scheinen die Isländer sehr aufgeschlossen und innovativ zu sein – auch in technischer Hinsicht. Island verfügt über ein »Green Grid«, ein grünes Stromnetz. So gut wie der gesamte Strom wird ohne fossile Energie produziert. Die geologischen Voraussetzungen sind hier geradezu optimal. Durch die vorhandenen heißen Quellen wurde die Stromversorgung schon früh auf Erdwärme umgestellt.

Die isländische Premierministerin Katrín Jakobsdóttir ist so unkonventionell und klar in ihren Aussagen wie die Insel, von der sie stammt. Zusammen mit der schottischen Ministerpräsidentin Nicola Sturgeon und der neuseeländischen Premierministerin Jacinda Ardern hat sie ein neues Denkmodell entwickelt und einen Paradigmenwechsel eingeleitet. In der Londoner Denkfabrik »Chatham House« forderte sie unlängst »eine alternative Zukunft auf der Grundlage von Wohlstand und

— **DREI POWERFRAUEN WEISEN DEN WEG: DIE MINISTERPRÄSIDENTINNEN VON ISLAND, NEUSEELAND UND SCHOTTLAND FORDERN IN EINER RESOLUTION »EINE ALTERNATIVE ZUKUNFT AUF DER GRUNDLAGE VON WOHLSTAND UND INTEGRATIVEM WACHSTUM«**

integrativem Wachstum«. »Wellbeing Economy« – Wohlfühl-Wirtschaft. Dahinter verbirgt sich die Überlegung, dass sich das Wachstum eines Landes nicht mehr nur ausschließlich am Bruttoinlandsprodukt (BIP) messen lassen darf, sondern soziale und ökologische Indikatoren mit einbezogen werden müssen. Mit anderen Worten: Glück, Gesundheit und Umwelt rangieren gleichrangig nebeneinander. Das Bruttoinlandsprodukt – bisher das Maß aller Dinge – wird lediglich zu einem Faktor unter anderen. Hintergrund dieses Strategiewechsels ist die voranschreitende Umweltzerstörung, die auch vor der Abgeschiedenheit Islands nicht Halt macht.

Dieses Denkmodell ist neu – auch auf Island. Groß dimensionierte Wasserkraftwerke, die vor einigen Jahren im Osten der Insel entstanden, polarisierten die Bevölkerung. Ein Teil der Isländer beklagte den Verlust an Naturfläche zugunsten eines Kraftwerks, das die Bevölkerung nicht brauchte, sondern lediglich ausländische Investoren ins Land locken sollte – allen voran die energieintensive Silizium- und Aluminiumproduktion. Obwohl der Rohstoff Bauxit für die Aluminiumherstellung aus Australien oder Brasilien mit Schiffen angeliefert werden muss, lohnt sich der Aufwand aufgrund der geringen Strompreise. Der andere Teil der Bevölkerung unterstützte das Vorhaben. Naturschützer auf der einen Seite und die von wirtschaftlichen Überlegungen getriebenen Interessengruppen auf der anderen: Diese Situation gibt es nicht nur auf Island. Das Wasserkraftwerk wurde gebaut und veränderte eine ganze Landschaft, indem es sie unter Wasser setzte. Inwieweit die wirtschaftlichen Vorteile den Verlust an Natur wettmachen, mögen die Isländer selbst entscheiden. Die Premierministerin wird sich da ihre Gedanken gemacht haben.

Auch wenn der thematische Bogen jetzt ein wenig weit gespannt wirken mag – auch die Coronapandemie lehrt uns ein neues Denkmuster. Die Entscheidungsträger der Politik hören plötzlich auf die Expertise der Wissenschaftler. Ob das Robert Koch-Institut oder die Virologen der Charité in Berlin und anderen Häusern – die Experten sind nicht nur allabendlich Gäste in den Nachrichtensendungen und Talkshows –, ihre Einschätzung der Situation bzw. ihre Empfehlungen werden von der Politik nahezu eins zu eins umgesetzt; Fakten akzeptiert. Der Virologe Christian Drosten, Leiter des Instituts für Virologie an der Charité in Berlin, erklärte in einem Interview[29]: »Wir sind an einem Punkt, an dem die globale Gesellschaft nachdenken muss, ob viele Dinge, die passieren, richtig sind. Ich glaube, dass das in der Größenordnung der Klimathematik steht. Es hat zwar eine andere Dynamik – das hier wird irgendwann wieder vorbei sein.« Ergänzend könnte man hinzufügen: … aber der Klimawandel geht weiter.

Es werden unvorstellbar hohe Geldbeträge ausgegeben, um die wirtschaftlichen Auswirkungen der Pandemie abzufedern und Ursachen wie Folgen gleichermaßen zu bekämpfen. Die Maßnahmen greifen – auch wenn zu diesem Zeitpunkt, in dem ich diese Zeilen schreibe, noch kein Ende der Pandemie abzusehen ist. COVID-19 betrifft die ganze Welt – auch Island. Warum, so frage ich mich, ist man nicht in gleichem Maße dem Rat der Wissenschaftler gefolgt, die seit vier Jahrzehnten vor dem Klimawandel warnen? Hätte man diese Warnungen zu irgendeinem Zeitpunkt ernst genommen, bzw. wäre man den Empfehlungen der Wissenschaftler gefolgt, hätten wir heute nicht diesen Zeitdruck. Frau Jakobsdóttir hat recht: Das Bruttoinlandsprodukt kann nicht das Maß aller Dinge sein. Was nützt uns ein gutes BIP bei weniger Lebensqualität und einer zerstörten Umwelt? Die Coronakrise wird irgendwann vorbei sein, der Klimawandel ist irreversibel. Gegen die Pandemie wird irgendwann

— **DIE CORONAKRISE WIRD IRGENDWANN VORBEI SEIN – DER KLIMAWANDEL HINGEGEN IST IRREVERSIBEL**

ein Impfstoff oder ein Medikament entwickelt werden. Gegen den Klimawandel gibt es keinen Impfstoff oder ein Allheilmittel. Deshalb brauchen wir neue Denkmodelle – Island geht da mit gutem Beispiel voran.

HERAUSFORDERUNG TRANSPORT

Sigga, eine isländische Freundin von uns, hatte uns den Kontakt zu Jón Björn Skúlason hergestellt. Sein ehrgeiziges Ziel: 100 Prozent fossilfreier Transport bis 2050 – nicht mehr und nicht weniger, so lautet die Devise seiner Organisation »Icelandic New Energy«. Wie kann das gehen? Seine Strategie besteht aus einem Mix aus einem verbesserten öffentlichen Verkehr, Elektromobilität, Methanol und wasserstoffbasierten Brennstoffen. Prozentual ist Island das Land mit dem zweithöchsten Anteil an Elektroautos. Ladestationen werden zunehmend direkt am Arbeitsplatz und im öffentlichen Raum installiert. Für Lkw und die große isländische Fischereiflotte bieten sich andere Lösungen an.

Eine Option dafür ist Methanol. Wie das hergestellt wird, sehen wir tags darauf in der »George Olah Renewable Methanol Plant« in Svartsengi nahe der weltweit bekannten Blauen Lagune. Ómar Sigurbjörnsson von Carbon Recycling International erklärt uns den Prozess: Zuerst wird Wasserstoff durch Elektrolyse aus dem hier überall verfügbaren Wasser hergestellt. Dafür braucht man Strom, der kommt aus dem benachbarten Geothermiekraftwerk. Dann kommt CO_2 dazu. Das wird aus dem Dampf des Erdwärmekraftwerkes herausgefiltert. Das Ergebnis: Methanol – Ómar bevorzugt den Namen »Vulcanol«. Damit wird deutlich, woher die Energie kommt, und man verwechselt es nicht mit Methanol, das oft einen Kohle- oder Erdgasursprung hat.

Praktisch am Vulcanol/Methanol ist, dass es ähnlich verwendbar ist wie Benzin und man daher keine komplett neue Infrastruktur benötigt. Noch ist es teurer als fossiler Brennstoff. Damit zum Beispiel die Fischer auf Methanol als Treibstoff umstellen, bedarf es zusätzlicher Anreize. Doch die werden kommen.

Der Erdwärme – wenn auch technisch aufwendiger zu gewinnen – kommt auch bei uns eine immer größere Bedeutung zu. Sie wird zunehmend auch in privaten Haushalten genutzt. Es sind die landesspezifischen, individuellen Lösungen, abgestimmt auf geografische und geologische Gegebenheiten, die wir verfolgen müssen. Mich beeindruckt der Pioniergeist der Isländer. Getreu dem Motto: »Wir haben ein Problem, also lösen wir es!«

Mit dieser Mentalität stehen die Isländer zum Glück nicht allein da. Auf einer anderen Insel – der größten der Welt, Grönland – gibt es andere Voraussetzungen als auf Island. Doch der Geist ist der gleiche.

Qaqortoq ist die größte Stadt im Süden Grönlands. Als wir dort mit der DAGMAR AAEN einlaufen, werden wir von Mitarbeitern des grönländischen Energieversorgers Nukissiorfiit freundlich empfangen. Mit dem Regionalchef Südgrönlands, Lars Hoffmeyer, und seinem leitenden Ingenieur Michael Benjamin Christensen hatten wir bereits im Vorfeld intensiven Kontakt gehabt und uns verabredet. Besonders Michael freut sich auf uns, er ist früher selbst zur See gefahren, hat 25 Jahre in Mosambik gelebt – dieser Mann hat viele spannende Geschichten zu erzählen. Erst mal aber führen wir die beiden auf der DAGMAR AAEN herum, und sie sind restlos begeistert von unserer alten Dame.

Am nächsten Tag fährt Michael im neuen Elektromobil der Firma an der Hafenkante vor – wir bekommen eine erste Idee davon, dass hier das Wort Energiewende ernst genommen wird und alle Mitarbeiter begeistert sind, ihre Energieversorgung auf saubere Quellen umzustellen.

— **AUCH GRÖNLAND GEHT SEINE EIGENEN WEGE BEI DER ENTWICKLUNG NEUER ENERGIE-STRATEGIEN. WIR SPÜREN DEN PIONIERGEIST, DER HIER HERRSCHT. VERALTETEN KONZEPTEN TRAUERT NIEMAND HINTERHER**

Unsere erste Station auf unserer Tour ist das Heizkraftwerk Qaqortoq, dort sind drei konventionelle Dieselheizkessel installiert. Keine besonders effiziente Art, Wärme zu erzeugen, jedoch darf man Grönland nicht mit Europa vergleichen. Die Installation eines Kohlekraftwerks würde sich aufgrund der Größenordnung nicht lohnen, Gasimporte ohne Leitung erfordern ebenso eine komplexe Hafeninfrastruktur. Allerdings wurde bereits der erste Elektrodenheizkessel mit einer Leistung von einem Megawatt installiert. Mit diesem kann Strom aus dem nahegelegenen Wasserkraftwerk in Wärme umgewandelt werden. Das heiße Wasser wird über dick isolierte Rohre in die meisten der Haushalte in der Stadt verteilt. Der Vorteil eines solchen Fernwärmesystems ist, dass die Versorgung relativ einfach auf regenerative Energiequellen umgestellt werden kann.

Vom Heizkraftwerk fahren wir in die Zentrale der Firma. Dort treffen wir auch Lars wieder und schauen uns zwei alte Dieselmotoren mit einer Leistung von je 1,6 Megawatt an. Installiert wurden diese im Jahr 1990, heute laufen sie jedoch nur noch als Backup zusätzlich zum Wasserkraftwerk. Das Wasserkraftwerk liegt außerhalb der Stadt, rund 70 Kilometer entfernt, und hat eine Leistung von 7,6 Megawatt.

In der Zukunft sollen die Diesel durch ein Wind-Solar-Batterie-Kombikraftwerk ersetzt werden. Ein erstes Pilotprojekt wurde in dem nahegelegenen Ort Igaliku installiert. Dort werden nun erste Erfahrungen gesammelt, die bisher sehr positiv sind. In den langen Polarwintern produzieren die Windkraftanlagen genügend Strom, im Sommer ist aufgrund der Kombination mit den Photovoltaikanlagen sogar mehr als genug Strom vorhanden.

Grönland ist besonders stark vom Klimawandel betroffen, daher würde das Land gern Vorreiter bei den erneuerbaren Energien werden. Dies ist gar nicht so einfach, da das gesamte Land stark von importierter Energie abhängig ist und das Stromnetz aus über 70 einzelnen Inselsystemen besteht. Das heißt, es gibt kein Verbundnetz, in dem es deutlich einfacher wäre, Erzeugung und Verbrauch auszugleichen. Durch den konsequenten Bau neuer Wasserkraftwerke in den letzten zwei Jahrzehnten konnte der Anteil an Wasserkraft im Stromsektor auf 67,5 Prozent erhöht werden. Zusammen mit Wind- und Photovoltaikanlagen sind es rund 70 Prozent regenerative Stromerzeugung, bereits für das Jahr 2030 will Grönland 100 Prozent erreichen.

Die durch die Erderwärmung verursachten Veränderungen auf Grönland sind geradezu atemberaubend. Vor diesem Hintergrund muss man dieses Engagement sehen. Auch wenn die Grönländer für den Klimawandel nicht verantwortlich sind, haben sie unmittelbar mit dessen Auswirkungen zu kämpfen.

Wir diskutieren noch lange mit Lars und Michael über die Zukunft der Energieversorgung und die Auswirkungen des Klimawandels in Deutschland. Die Begegnung ist so spannend, dass wir beschließen, sie an Bord fortzuführen. Michael besorgt frischen Fisch vom lokalen Händler, und wir schmeißen schon mal den Grill an. Es wird ein langer und informativer Abend an Bord der DAGMAR AAEN. Schiffe sind Kosmopoliten – das gilt im besonderen Maße für die DAGMAR AAEN. Dieser spartanischen, aber gleichzeitig anheimelnden Atmosphäre an Bord kann sich kaum einer entziehen. Die DAGMAR AAEN webt ihr Netz, in dem sich früher oder später alle Crewmitglieder und auch die Gäste verfangen. Sie vermittelt Vertrauen und Zuverlässigkeit. Man fühlt sich geborgen und öffnet sich.

UNSERE »ALTE DAME« ZEIGT WIEDER EINMAL, DASS SIE MEHR KANN, ALS NUR RAUEN GEWÄSSERN STANDHALTEN: NÄMLICH EIN AUTARKES ZUHAUSE SEIN, MENSCHEN ZUSAMMENFÜHREN UND NEUE IDEEN ENTSTEHEN LASSEN

Stolz präsentiert man uns auf Island die Flotte der E-Autos,
die mit »grünem Strom« geladen werden.

___ In der Nähe des isländischen Mývatn – zu Deutsch »Mückensee« – blubbert
und dampft es aus dem Boden. Es riecht nach faulen Eiern. Siedend heißer
Dampf schießt unter enormem Druck aus der Erdkruste empor.

_____ In dem Kraftwerk Krafla wird der unter enormem Druck stehende Dampf aus dem Boden direkt auf die Turbinen geleitet. Besser geht es eigentlich nicht.

_____ Die grönländische Siedlung Sisimiut im Sommer.

Im grönländischen Qaqortoq erklärt uns der leitende Ingenieur Michael Christensen die Funktionsweise der Energieversorgung der gesamten Region.

Die DAGMAR AAEN bei der Passage des Prinz-Christian-Sundes im Süden Grönlands.

»Es dürfen auf keinen Fall alte, überkommene Strukturen gefestigt werden, sondern wir müssen unsere Wirtschaft modernisieren. So müssen Investitionen in den Ausbau der digitalen Infrastruktur, in Klimaschutzmaßnahmen wie den Einstieg in die Wasserstoffindustrie und moderne Bildungssysteme erfolgen.«

Michael Otto, *Hamburger Abendblatt*, 2./3. Mai 2020

14

_ PLASTIK - FLUCH ODER SEGEN?

Die Weltmeere dienen uns Menschen als Müllhalde.
Egal an welche Küste man kommt, ganz gleich in welchem
Ozean man segelt, Plastik – häufig nur mikroskopisch
kleine Partikel – findet sich nahezu überall

___ Auf Deutschlands einziger Hochseeinsel, Helgoland, bauen die Basstölpel ihre Nester aus Plastikresten, die von Fischereinetzen stammen und in großer Menge im Meer treiben.

Man muss nicht weit reisen, um die Auswirkungen des Plastiks auf die Natur zu erleben. Auf Helgoland, Deutschlands einziger Hochseeinsel, gibt es eine Kolonie von Basstölpeln. Die eleganten Seevögel brüten erst wieder seit Anfang der 90er-Jahre auf der Insel – man war damals hoch beglückt und stolz, als das erste Brutpaar in den Klippen nistete. Inzwischen gibt es eine recht große Kolonie, die im Sommer ihren Nachwuchs aufzieht.

Die Tölpel bauen ihre Nester aus Seegras und anderem organischen Treibgut. In den letzten Jahren nutzen sie zum Bau ihrer Nester aber zunehmend sogenannte Dolly Ropes, die von den Fischereinetzen abreißen und im Meer treiben. Die Dolly Ropes bestehen aus dünnen Kunststofffasern, die an den Netzen befestigt sind, um die Netze beim Berühren des Meeresbodens vor dem Durchscheuern zu schützen. Die Dolly Ropes sind Verschleißartikel, dazu gemacht, durch das Schleppen der Netze über dem Meeresgrund regelmäßig abzureißen. In der Folge treiben sie in großen Mengen im Meer. Die Basstölpel sammeln sie als bequemes Material zum Nestbau ein und erkennen nicht die tödliche Gefahr, die damit verbunden ist. Denn die Kunststofffasern verknoten sich, sind witterungsbeständig und anders als organisches Treibgut extrem reißfest. Wer einmal den wunderschönen Rundweg über Helgolands Oberland wandert, wird unweigerlich an den Brutkolonien der Vögel vorbeikommen. Die Nester der Basstölpel – und nicht nur der

Tölpel, sondern auch die der dort brütenden Lummen bestehen heute fast ausschließlich aus Kunststoff. Wer genauer hinsieht, wird nicht nur Zeuge hingebungsvoller Brutpflege, sondern auch strangulierte Kadaver der Seevögel in den Klippen hängen sehen. Sie verfangen sich in ihren Nestern in den unzerstörbaren Dolly Ropes und sterben einen qualvollen Erstickungstod.

Die Vermüllung der Weltmeere mit Plastik ist eine gigantische Umweltkatastrophe. Plastik findet sich überall auf der Erde. Nicht nur in unseren Haushalten und Supermärkten. Ob in den einsamen Fjorden Grönlands, im Pazifik, dem Sargassomeer, auf unbewohnten Inseln im Süd- oder Nordatlantik, auf den Falklandinseln oder auch in der Nordsee vor Helgoland – Plastikprodukte aller Art sind in den unterschiedlichen Verfallstadien allgegenwärtig. Herrenlos im Meer treibende Fischereinetze werden zu einer tödlichen Falle für Fische, Robben, Delfine, Wale und Schildkröten. Eine Obduktion von gestrandeten Pottwalen hat im Magen der toten Tiere neben zahlreichen Kunststoffresten auch komplette Automobilkotflügel aus Kunststoff gefunden. Da stellt sich die Frage, wie diese Teile dorthin gelangen, sodass sie irrtümlicherweise von Tieren für Nahrung gehalten werden können. Die Wale sind nicht die einzigen Opfer. Am Strand vom Oman haben wir unzählige verendete Meeresschildkröten gefunden. Die Tiere ernähren sich überwiegend von Quallen und verwechseln die im Meer treibenden Plastikfolien mit den transparenten Nesseltieren. Irgendwann füllt sich der Magen der Schildkröten mit dem unverdaulichen Material – in der Folge verhungern sie trotz gefüllter Mägen. Ein Schicksal, dass auch Albatrosse und andere Seevögel erleiden. Der Kunststoff verstopft ihren Magen und den Verdauungstrakt und führt zum qualvollen Hungertod.

Ein weiteres Problem sind die sogenannten Ghostnets. Das sind Fischereinetze, die auf See verloren gehen und dann herrenlos in den Meeren treiben. Diese Netze hören aber nicht auf zu fangen. Auf ihren bisweilen monatelangen Reisen durch die Weltmeere fangen sie, was immer sich ihnen auch in den Weg stellt: Fische aller Art, große Jäger wie Haie etwa, aber auch Tunfische, Schildkröten, Delfine, kleine Wale, Robben und anderes Meeresgetier. Selbst wenn die Netze endlich von der Brandung an den Strand geworfen werden, töten sie weiter. Seevögel und Füchse, die das in den Netzen befindliche Aas fressen möchten, verfangen sich darin und verenden. Auf den Aleuten habe ich einmal einen Weißkopfseeadler gefunden, der sich in einem der Netze einen seiner Fänge quasi abgetrennt hatte und daran verendet war. Selbst Rentiere, die an den in den Netzen befindlichen Seetang möchten, bleiben mit dem Geweih in den Maschen hängen und können sich nicht mehr daraus befreien. Das widerstandsfähige Kunststoffmaterial der Netze hält sich über Jahrzehnte. Ghostnets habe ich überall an den Stränden gefunden. Ob auf den Aleuten in Alaska, in Grönland oder Spitzbergen, auf den Falklandinseln oder im Indischen Ozean. Sie sind überall. Und ihre Zahl und der Schaden, den sie anrichten, sind verheerend. Viele dieser Netze verfangen sich beim Trawlen in Unterwasserhindernissen wie Wracks oder Steinen und reißen ab. Sie bleiben dort hängen, ohne dass es jemand bemerkt oder Zugriff auf sie hat. In den flachen Küstengewässern haben sich sogar Taucherinitiativen gebildet, die Netzreste bergen und entsorgen. Auch für Taucher ein lebensgefährliches Unterfangen. Aber so lobenswert diese Aktionen sind – sie packen das Problem nicht an der Wurzel. Man könnte andere Materialien verwenden, die sich im Meer leichter zersetzen, oder aber auch einen Nachweis über den Verbleib der Netze eines jeden Trawlers fordern. Man könnte die Netze auch mit Empfängern ausstatten, um sie orten zu können. Aber nichts von alldem passiert. Der Grund ist immer derselbe: wirtschaftliches Interesse.

— **SOGENANNTE GHOSTNETS - GEISTERNETZE -, DIE VON HOCHSEETRAWLERN BEIM FISCHEN ABGERISSEN SIND, TREIBEN HERRENLOS IN DEN WELTMEEREN. SIE WERDEN ZUR TODESFALLE FÜR JEDES LEBEWESEN - ZU LANDE WIE ZU WASSER**

Unsere Schnäppchenmentalität ist verhängnisvoll – für viele Bereiche. Nicht die Fischer trifft die alleinige Schuld; es ist die kollektive Verantwortung von uns allen. Wir sind die Kunden! Ob es die Fischerei, die Massentierhaltung oder genmanipulierte Agrarerzeugnisse betrifft – die Entscheidung liegt beim Endverbraucher, also bei uns.

Deutlich kleiner, aber nicht weniger gefährlich ist das sogenannte Mikroplastik. Darunter versteht man per Definition »feste, wasserunlösliche Kunststoffpartikel, die fünf Millimeter und kleiner sind«.[30] Im Rahmen unserer Grönlandexpedition Ocean Change haben wir einen »Mantatrawl« mitgeführt, eine Art Trichter mit einem extrem feinmaschigen Netz, um die kleinen Plastikteilchen im Meer einzusammeln. Es gibt genaue Vorgaben, wie der Trichter und die Struktur der Netze beschaffen sein müssen, um repräsentative Aussagen treffen zu können. Das Schiff darf beim Trawlen nur mit einer Geschwindigkeit von etwa 2,5 Knoten fahren, die Zeitdauer beträgt pro Schlepp 20 Minuten. Danach wird es eingeholt und der Inhalt des Netzes analysiert. In küstennahen Gewässern mit Hafenstädten rechnet man sicher damit, fündig zu werden. Doch wir haben nicht nur dort etwas gefangen: Mikroplastik findet sich auch in den Fjorden Grönlands wieder, wo im Umkreis von Hunderten von Kilometern keine menschliche Ansiedlung zu finden ist. Laut Weltnaturschutzunion IUCN gelangen jedes Jahr ca. 3,2 Millionen Tonnen Mikroplastik in die Umwelt, davon etwa 1,5 Millionen Tonnen in die Weltmeere.[31] Andere Untersuchungen gehen sogar von noch höheren Werten aus. Über die Nahrungskette landet es letztlich wieder auf unseren Tellern. Besonders besorgniserregend sind dabei die Additive im Plastik, etwa Weichmacher, die sich aus den Kunststoffen lösen und fatale Folgen für Organismen haben können. Auch wir Menschen sind nicht frei davon. Untersuchungen im Stuhl von Probanden haben zweifelsfrei ergeben, dass wir Mikroplastik über die Nahrungsmittel aufnehmen. Selbst durch die Atmung inhalieren wir die extrem feinen Partikel, die etwa durch Reifenabrieb entstehen. Umweltverbände wie der WWF fordern daher schon seit Jahren eine internationale Vereinbarung, die dafür sorgt, dass kein Plastikmüll mehr in die Umwelt gelangt. Es ist ein unglaublich komplexes Thema – aber eines, dessen wir uns dringend annehmen müssen. Und wieder fängt es bei unserem Konsumverhalten an: Die berühmte und viel gescholtene Plastiktüte ist bei uns in den Supermärkten mittlerweile weitgehend geächtet. Selbst an einigen Fleischtheken von Supermärkten kann man mittlerweile auf die Plastikverpackung verzichten und stattdessen die Ware in wiederverwendbare Behälter verpacken lassen. Letztere sind zwar meist auch aus Kunststoffen, dafür aber langlebig und immer wieder neu verwendbar. Aber das ist ja nur die Spitze des Eisberges. Beimengungen von Mikroplastik in Kosmetika und Seifen lassen sich längst durch andere Substanzen ersetzen – einige Hersteller praktizieren das bereits seit längerer Zeit. Der Abrieb von Autoreifen, der rund ein Drittel des Mikroplastiks in Deutschland ausmacht[32], oder von synthetischen Textilien muss durch eine weiterführende Produktentwicklung eingegrenzt werden. Letztlich müssen Rückstände aus Kläranlagen gefiltert werden, um sie entweder zu recyceln oder umweltverträglich zu entsorgen. Zudem muss in den jeweiligen Ländern auch ein Bewusstsein für die Problematik geschaffen werden. Das hat etwas mit Bildung und Erziehung zu tun. Auf den Kapverden habe ich im Hafen von Mindelo gesehen, wie lokale Fischer leere Plastiktüten gedankenlos ins Meer warfen. Ich glaube nicht, dass sie das machen, weil ihnen die Umwelt gleichgültig wäre – sie erkennen die Brisanz und Verkettung von Ursache und Wirkung nicht. In Ländern, in denen Menschen sogar unter der Armutsgrenze leben und nicht wissen, wie sie sich und ihre Familien ernähren sollen, wird man diese Thematik nur schwer vermitteln können. Deshalb – alles hängt mit allem zusammen – müssen wir Lebensbedingungen schaffen, in denen alle Menschen ein Auskommen haben. Klingt idealistisch – klar. Aber wenn wir die Verpflichtung der Generationengerechtigkeit ernst nehmen – und das müssen wir –, wenn wir ein Interesse daran haben, dass nicht nur einige wenige Völker in Wohlstand leben, sondern allen Menschen eine wirtschaftliche Lebensgrundlage zur Verfügung steht, dann müssen wir unser Wirtschaftssystem und den Umgang mit der Natur und den Ressourcen insgesamt neu denken und strukturieren.

ES IST TRAGISCH, DASS ES OFFENBAR IMMER DRAMATISCHER ANLÄSSE BEDARF, UM DIE EIGENE HANDLUNGSWEISE ZU ÜBERDENKEN UND ZU KORRIGIEREN

Auch hier bietet übrigens die Coronapandemie trotz ihrer Dramatik und den aus ihr resultierenden Härten eine Chance, die wir ergreifen müssen. Es ist tragisch, dass es offenbar immer derartige Anlässe braucht, um ein Umdenken anzustoßen, doch wir müssen die Gesellschaft und die Wirtschaft in eine klimaverträgliche und umweltschonende Zukunft transformieren. Der Ruf der Automobilkonzerne nach staatlich subventionierten Kaufanreizen wie etwa einer neuen Abwrackprämie, um in Zeiten der Coronakrise wieder ins Geschäft zu kommen, ist unüberhörbar. Selbst für konventionelle Verbrennungsmotoren werden Rabatte gefordert, so als wäre durch die Pandemie das Thema Klimawandel vom Tisch. Und es ist nicht nur die Autobranche, auch größere Konsumartikelhersteller zeigen ein erstaunliches Verhalten. Da werden auf der einen Seite die Dividenden an die Aktionäre wie gewohnt in vollem Umfang ausgeschüttet. Auf der anderen Seite denkt ein großer Sportartikelhersteller, der im Jahr zuvor noch 2,66 Milliarden Euro Gewinn erwirtschaftet hat, laut darüber nach, seine Mietzahlungen für die gepachteten Stores einzustellen, da die Läden wegen der Pandemie geschlossen bleiben müssen. Die Liste der Negativbeispiele lässt sich fortführen: Ich habe auch nirgendwo gehört, dass irgendwelche Vorstandsgehälter gekürzt worden wären. Und dann nach staatlicher Unterstützung rufen? Irgendwie passt das aus meiner Sicht nicht zusammen. Mit den erforderlichen Umstrukturierungsmaßnahmen ist dies schon mal gar nicht in Einklang zu bringen. Autos mit Verbrennungsmotoren zu fördern ist schlicht nicht mehr zeitgemäß! In Norwegen werden in fünf Jahren

Verbrennungsmotoren bei Kraftfahrzeugen verboten werden. Wenn es so etwas wie staatliche Kaufanreize geben sollte, dann müssen die sich auf moderne und zeitgemäße Technologiekonzepte erstrecken wie Elektromobilität oder Brennstoffzellentechnik – oder ganz simpel auf einen für alle erschwinglichen öffentlichen Personennahverkehr. Der seinerzeit durch seinen legendären *Stern-Report* (ein Bericht, in dem im Auftrag der britischen Regierung besonders die wirtschaftlichen Folgen der globalen Erwärmung untersucht worden sind) bekannt gewordene Lord Nicholas Stern hat unlängst sinngemäß gesagt:»Wenn nach der Coronakrise die Wirtschaft wieder aufgebaut wird, dann darf es keinen Weg zurück geben in eine Welt mit CO_2-Emissionen.«[33]

Es geht um nicht mehr und nicht weniger als um einen ökologischen und ökonomischen Neuanfang. Neue Mobilitätskonzepte, nicht nur bezogen auf den Individualverkehr, müssen forciert werden. Ich selbst erlebe es, dass plötzlich Meetings, zu denen man früher nach Frankfurt oder München gefahren wäre, sehr elegant über Videokonferenzen abgewickelt werden. Es gibt weniger individuellen Geschäftsverkehr per Flugzeug oder Auto. Die Digitalisierung hat in Coronazeiten eine ganz andere Bedeutung bekommen. Ich bin mir fast sicher, dass viele Geschäftsreisen in Zukunft obsolet werden, da mittels Videokonferenzen Zeit und Geld – und damit auch Emissionen – gespart werden können. So dramatisch die Umstände sind, die aus der Pandemie resultieren, so sehr sollte man die Situation zu einem Neuanfang nutzen und keinesfalls in die alten Verhaltensmuster zurückfallen.

Ein ökologisches Selbstverständnis ist kein Luxusgut. Die von uns verursachten Umweltprobleme und der Verlust ganzer Ökosysteme bedingen ebenso wie unser Konsumverhalten unter anderem auch die Übertragung von Viren vom Tier zum Menschen. In China gilt der Konsum von exotischen Wildtieren als eine Art exklusive, zur Schau getragene Dekadenz – nach dem Motto: Ich kann es mir leisten. Für ein Kilogramm Fleisch werden umgerechnet bis zu 300 Euro gezahlt. Die Behörden haben das jetzt aufgrund der Erfahrung mit der Pandemie verboten. Entscheidend wird aber sein, dass sich unsere Anspruchshaltung ändert. Vielleicht hat die Pandemie einen pädagogischen Effekt bei den Menschen. Vielleicht bin ich da etwas zu optimistisch, aber mir scheint, dass die Wahrnehmung der Menschen durch die Krise eine etwas andere geworden ist. Sicher werden wir wieder reisen, fliegen, mit dem Auto fahren, Fleisch essen. Aber werden wir bedenkenlos eine Reise auf einem Kreuzfahrtschiff zusammen mit ein paar anderen Tausend Menschen buchen? Das wird zumindest seine Zeit brauchen. Wie werden wir die Prioritäten unserer Freizeitgestaltung definieren? Was ist uns wirklich wichtig im Leben? Corona ist der große Spielverderber, aber die Krise hat womöglich auch ihr Gutes: Sie führt uns die Verletzlichkeit unserer Gesundheit sowie des politischen, sozialen und wirtschaftlichen Miteinanders vor Augen. Nichts ist selbstverständlich im Leben, am wenigsten die Gesundheit. Der stetige Wachstum, das »Immer mehr, höher, schneller, weiter«, die uneingeschränkte Verfügbarkeit aller Konsumgüter wird eventuell einem anderen Wertgerüst weichen. Ich glaube, die Menschen sind durch Corona sensibler geworden. Durch das Zahlen von Steuern an den Staat entledigt man sich nicht der Probleme, und es wird einem keine Absolution erteilt. Der Staat sind wir alle, und deshalb müssen wir formulieren und einfordern, was uns wirklich wichtig ist.

SCHÜTZEN WIR UNSERE NATUR. SCHÜTZEN WIR UNSERE GESUNDHEIT. NACH DER PANDEMIE STEHEN WIR VOR EINEM NEUSTART. NUTZEN WIR IHN RICHTIG!

Der Nestbau wird zur Todesfalle. Die Basstölpel
auf Helgoland verfangen sich immer wieder in
den widerstandsfähigen Plastikresten und sterben
einen langsamen und qualvollen Erstickungstod.
Der Partner schaut hilflos zu.

——— Vor Jahren haben wir auf den Aleuten diesen verendeten Weißkopfseeadler gefunden. Er hatte sich in einem Ghostnet verfangen.

——— In einem Fjord Ostgrönlands bergen wir im Sommer 2019 dieses Ghostnet. Im Umkreis von Hunderten von Kilometern gibt es keine Fischerei. Trotzdem erreichen die Netze die einsamen Fjorde.

___ Zwei Crewmitglieder untersuchen den Inhalt des Mantatrawls auf Mikroplastik.

___ An einem isländischen Strand führen wir eine Plastiksammlung durch. Hier das Ergebnis eines lediglich 100 Meter langen Strandabschnitts.

15

_ GRÜNER WASSERSTOFF - DIE LÖSUNG ALLER PROBLEME?

Wasserstoff ist Bestandteil fast aller organischen
Verbindungen und gilt als Ursprung allen Lebens.
Die Verbrennung verläuft nahezu emissionsfrei.
Das Gas gilt als idealer Energieträger

Grüner Wasserstoff, der aus regenerativer Energie hergestellt wird, ist ein ausgezeichneter Energiespeicher.

Wasserstoff ist Ursprung allen Lebens. Mit 91 Prozent aller Teilchen ist es mit großem Abstand das häufigste Element in unserem Sonnensystem. In Verbindung mit Sauerstoff und Kohlenstoff formt es unseren Planeten. Das Gas ist Bestandteil fast aller organischen Verbindungen und findet sich in scheinbar unbegrenzter Menge in der Natur. Wasserstoff selbst ist durchsichtig und geschmacklos; verbunden mit Sauerstoff wird er zu einer Naturgewalt.

Der Einsatzbereich von Wasserstoff als Energieträger ist vielseitig. Bei seiner kontrollierten Verbrennung entstehen keine klimaschädlichen Emissionen. Wasserstoff kann in Gasturbinen, konventionellen Verbrennungsmotoren, Brennstoffzellen oder auch für klimaneutrale Hochöfen in der Stahlindustrie eingesetzt werden. Das Grandiose daran: Die Verbrennung verläuft nahezu emissionsfrei. Als Abfallprodukt entsteht lediglich H_2O – also Wasser.

Großes Potenzial hat Wasserstoff vor allem als Energiespeicher. Überall dort, wo ein direkt elektrischer Nutzen an seine Grenzen kommt, zum Beispiel auf Schiffen oder in Flugzeugen, oder dort, wo einfach sehr große Mengen Energie gespeichert werden müssen, ist er von großem Nutzen. Man kann ihn nämlich gasförmig oder auch in flüssiger Form gut transportieren und in einem Vorratsspeicher einlagern. Unser Stromsystem kann durchaus von der Wasserstoffproduktion profitieren. An den wenigen Tagen im Jahr, an denen es komplett windstill ist und zudem keine Sonne scheint, könnte Wasserstoff zur Überbrückung als Backup eingesetzt werden.

Klingt alles super! Die Sache hat nicht nur einen Haken: Wasserstoff kommt in der Natur nur in gebundener Form und nicht etwa als Gas vor, das man nach Belieben abzapfen könnte. Wasserstoff muss produziert werden. Der Großteil des in Deutschland verbrauchten Wasserstoffs stammt leider aus fossilen Quellen, dieser sogenannte graue Wasserstoff wird aus Erdgas gewonnen. Dabei wird unter Hitze Erdgas in Wasserstoff und CO_2 umgewandelt, wobei das CO_2 anschließend ungenutzt in die Atmosphäre entlassen wird. Die Lösung für die Erderhitzung ist das nicht.

Wasserstoff kann das Klima nur schützen, wenn er aus grünem Strom in der Elektrolyse gewonnen wird. Bei dem Verfahren wird Gleichstrom in ein Elektrolyt geleitet. An der Anode bzw. Kathode spalten sich die Moleküle auf. Wasser wird in seine Bestandteile Wasserstoff und Sauerstoff zerlegt. Das dadurch freiwerdende Gas fängt man auf und speichert es. Dieser Prozess hat jedoch einen entscheidenden Nachteil: Er ist mit hohen Verlusten behaftet. Aus Strom Wasserstoff zu erzeugen, der anschließend in einer Brennstoffzelle oder in einer Gasturbine wieder zu Strom gewandelt wird, ist aufwendig, und es geht jedes Mal Energie in Form von Wärme verloren. Dadurch sinkt der Wirkungsgrad erheblich. Unterm Strich bleiben enorm große Mengen an grünem Wasserstoff ungenutzt, die wir für den Klimaschutz in den verschiedenen Sektoren benötigen.

Ein erster Lösungsvorschlag für dieses Problem besteht darin, den durch Windenergie erzeugten Überschuss an Strom für die Wasserstoffproduktion einzusetzen. Anstatt Windräder bei einem Überschussangebot an Wind in Zeiten von geringer Nachfrage im Stromnetz abzuregeln, ließe sich mit dem Energieüberschuss Wasserstoff herstellen, der zur gegebenen Zeit – etwa bei Flaute – wieder zur Energiegewinnung genutzt werden kann. Durch die Abschaltung der Windkraftanlagen geht der Strom schlichtweg verloren, zurzeit immerhin rund ein

Prozent der gesamten deutschen Stromproduktion. Auf diese Art und Weise ließe sich der Stromüberschuss sinnvoll nutzen – auch wenn die Produktion mit Verlusten verbunden ist. Besser so als gar nicht. Die Hindernisse liegen jedoch weniger im technischen Bereich als vielmehr im politischen – bzw. in rechtlichen Bestimmungen, die verhindern, dass der Strom genutzt wird. In einem Antrag[34] der Fraktion der Grünen im Deutschen Bundestag ist zu lesen:

»Der Strompreis wird völlig verzerrt, weil die Bundesregierung seit Jahren die notwendige Reform der Abgaben und Umlagen verweigert. Ziel der Reform muss es sein, Strom aus Erneuerbaren Energien gezielt für flexible Verbraucher – wie die Erzeugung von grünem Wasserstoff – günstig verfügbar zu machen. Das bedeutet, die Kosten für den Stromverbrauch zeitlich und lokal spezifisch deutlich abzusenken und somit die netzdienliche Produktion von Wasserstoff im Markt lukrativ zu machen.«

So wird immerhin ein Teil der benötigten Wasserstoffmengen produziert. Der Überschuss an Windenergie reicht allerdings nicht aus, um den Bedarf an Wasserstoff im Sinne des Klimaschutzes zu decken. Die Wasserstoffproduktion macht jedoch nur Sinn, wenn man den zur Herstellung eingesetzten Strom aus regenerativen Quellen bezieht. Konventionelle Kraftwerke können und dürfen wegen der anfallenden CO_2-Emissionen nicht Stromlieferanten sein. Wasserstoff muss daher dort produziert werden, wo ausreichend regenerative Energie zur Verfügung steht. Ausreichend grüner Strom wiederum steht nur dort zur

— **WASSERSTOFF MUSS DORT PRODUZIERT WERDEN, WO ES ÜBERSCHÜSSE AN REGENERATIVER ENERGIE GIBT. KONVENTIONELLE KRAFTWERKE KOMMEN WEGEN DER DABEI ANFALLENDEN EMISSIONEN NICHT IN BETRACHT**

Verfügung, wo auch viele Flächen sind, um den Strom zu produzieren. Hier in Deutschland zeichnen sich immer mehr Nutzungskonflikte um diese Flächen ab.

Eine weitere Lösung ist es daher, die heimische Produktion mit Importen zu ergänzen. Dadurch, dass man Wasserstoff transportieren kann, ist es durchaus wirtschaftlich, ihn überall dort auf der Welt herzustellen, wo die Sonne viel scheint und der Wind ordentlich weht. Wasserstoff aus den Wüstenregionen Afrikas, aus Nordseewind oder aus Geothermiekraftwerken auf Island – es gibt viele Denkmodelle. Bei der bereits aufgezeigten besonderen geothermischen Lage Islands verwundert es nicht, dass diese Insel auch bei den Wasserstofftechnologien eine Vorreiterrolle einnimmt. Bereits 2003 hat man angefangen, dort mittels Wasserkraft und Erdwärme Strom zur Erzeugung von Wasserstoff herzustellen. Die erste Wasserstofftankstelle wurde damals eingeweiht und zugleich das erste Fahrzeug mit einer Brennstoffzelle in Fahrt gebracht. Der Bankencrash in den darauffolgenden Jahren brachte das Projekt jedoch zunächst zum Erliegen – was aber nichts mit der Technik an sich zu tun hatte, sondern vielmehr mit den Turbulenzen der Weltwirtschaft. Die Potenziale einer Wasserstoffwirtschaft werden mittlerweile auch von deutschen Unternehmen erkannt. Es gibt durchaus Start-ups, die gern aktiv würden, wenn denn die Rahmenbedingungen stimmten.

Das Ziel, grünen Wasserstoff im Sinne des Klimaschutzes aus erneuerbaren Energien zu gewinnen, muss also erweitert werden: Der Produktion muss auch eine wirtschaftliche Perspektive gegeben werden.

Wir müssen uns lösen von den starren Denkschemata der vergangenen Jahrzehnte. Deutschland war einmal Vorreiter der Energiewende und führend in der Entwicklung der Photovoltaik. Die Politik drängte die Technik jedoch durch wirtschaftliche Zwänge ins Abseits – heute ist China Weltmarktführer. Eine ähnlich gefährliche Entwicklung wie die, die derzeit auch die Windbranche durchlebt.

Bereits 2009 gründete sich – übrigens auf Mitinitiative des Club of Rome – die Desertec Foundation. Durch die Installation von solarthermischen Kraftwerken in den Wüstenregionen Nordafrikas sollte CO_2-neutral Strom erzeugt werden – und zwar im großen Stil. Zusammen mit der Foundation sowie den großen Playern Deutsche Bank, RWE, EoN, Siemens und ABB wurde die »Desertec Industrial Initiative«, kurz DII, gegründet. Ursprünglich war das Projekt dazu angelegt, »grünen« Strom aus Afrika über Hochspannungs-Gleichstrom-Übertragungsleitungen nach Europa zu transportieren. Gleichzeitig gab es Überlegungen, einen Teil des Stroms in afrikanische Länder zu liefern – auch dort steigt der Energiebedarf. Offenbar fürchteten die Energieunternehmen aber zunehmend eine Konkurrenz zum heimischen Kohle- und Atomstrom, der damals noch weitgehend unangefochten die Spitzenposition einnahm. Es kam zum Streit, und die anfängliche Euphorie wich einer ablehnenden Haltung. 2013 zog sich zuerst die Stiftung zurück, dann folgten andere Teilnehmer. Nur ein Jahr später wurde die DII in ihrer ursprünglichen Form aufgelöst. Damit war das Projekt gescheitert – nicht aber die Idee, Energie in den sonnenreichen und in Teilen armen Regionen dieser Erde zu produzieren. Das hätte den Vorteil, dass man Wertschöpfungsketten schaffen würde, von denen die Menschen vor Ort profitieren.

Auf Basis dieses Grundgedankens könnten weltweit in den sonnenreichen Regionen dieser Erde solarbetriebene Wasserstoffproduktionen entstehen. Bereits heute plant das ölreiche Saudi-Arabien riesige Solaranlagen zur Energiegewinnung für das eigene Land. Aus Überschüssen könnte wiederum Wasserstoff gewonnen und verkauft werden. Das gilt auch für Australien und Afrika. Photovoltaik spielt im sonnenverwöhnten Down Under derzeit allerdings kaum eine Rolle – es wäre ja eine Konkurrenz zur Kohle. Es ist politisch nicht gewollt – technisch und wirtschaftlich würde es durchaus Sinn ergeben. Sonneneinstrahlung und Wüstenflächen gibt es auch in Afrika zur Genüge, und gerade dieser Kontinent könnte mehr als alle anderen Partnerländer von einer Partnerschaft auf Augenhöhe mit Deutschland und Europa profitieren. Nicht zuletzt ist es in unserem eigenen Interesse, die Wertschöpfungspotenziale vor Ort zu stärken, um beispielsweise die Flüchtlingsströme zu reduzieren.

— **DURCH SOLARPARKS IN SONNENREICHEN
ERDREGIONEN KÖNNTE NICHT NUR WASSER-
STOFF PRODUZIERT UND EXPORTIERT
WERDEN, SONDERN GLEICHZEITIG IN ARMEN
LÄNDERN EINE WERTSCHÖPFUNGSKETTE
GESCHAFFEN WERDEN**

Noch ein weiterer Umstand spricht für Photovoltaik: Der Wirkungsgrad der modernen Anlagen hat sich deutlich verbessert, sodass die Kilowattstunde für weniger als drei Cent produziert werden soll – in Saudi-Arabien oder Chile rechnet man sogar mit noch günstigeren Konditionen. Die alte, verloren geglaubte Desertec-Idee scheint glücklicherweise nicht zu Grabe getragen worden zu sein.

In Europa hingegen setzt man auf Windstrom. In Dänemark gibt es Pläne, in der Nordsee eine künstliche Insel aufzuschütten, um dort im großen Stil grünen Wasserstoff zu produzieren. Auch der niederländische Netzbetreiber Tennet hat vergleichbare Pläne in der Schublade.

Zukunftsweisend ist auch das Projekt von Forschergruppen aus der Schweiz und Norwegen, »solare Methanolinseln« zu bauen. Diese mit Photovoltaik bestückten Inseln mit rund 100 Meter Durchmesser sollen auf der Meeresoberfläche schwimmen, dabei die Wassermoleküle in Wasserstoff und Sauerstoff spalten und weiter in Verbindung mit aus Meerwasser gefiltertem Kohlendioxid Methanol produzieren.

Das alles klingt futuristisch und ist es vielleicht auch. Aber begann nicht jeder technische Fortschritt einst mit Visionen, deren geistige Väter häufig belächelt wurden? Ich denke, die Umsetzung ist wie alle großen Umwälzungen lediglich eine Frage der Zeit.

Erneuerbare Energien seien so weit fortgeschritten, erklärte der dänische Energieminister Jørgensen dazu, dass sie selbst keine Unterstützung mehr benötigten und man sich darauf konzentrieren könne, ihr enormes Potenzial freizusetzen. »Der nächste große Schritt im grünen

Wandel ist die Entwicklung von Technologien, mit denen Ökostrom beispielsweise in Kraftstoffe für Busse, Flugzeuge und Schiffe umgewandelt werden kann.«[35]

Das mag nach Zukunftsmusik klingen – aber nur durch fantasievolle Projekte ist die Welt vorangekommen. Und ambitionierte Wasserstoffprojekte gab es bereits in den 90er-Jahren. Mit einem Unterschied: Im Vergleich zu 20 oder 30 Jahren zuvor sind wir heute technologisch weiter. Vieles, was damals als unwirtschaftlich galt, ist heute durch höhere Effizienz und veränderte Marktkonstellationen durchaus sinnvoll.

Trotzdem: Allein wird Wasserstoff das Energieproblem nicht lösen können. In der Zukunft muss es einen intelligenten Mix der unterschiedlichen Energieträger geben, die jeweils anhand ihrer individuellen Vorteile eingesetzt werden müssen. Im Verkehrssektor hat Wasserstoff überall dort, wo ein direkt-elektrischer Antrieb nicht möglich ist, einen Vorteil, beispielsweise auf Langstrecke und im Schwerlastverkehr, zur See oder als E-Fuel im Flugzeug.

Im militärischen Bereich – etwa in U-Booten – werden Brennstoffzellenantriebe schon lange eingesetzt. In der Brennstoffzelle wird zudem neben Strom auch Wärme produziert, die wiederum für Heizungen genutzt werden kann. Es gibt also vielfältige Anwendungsmöglichkeiten. Auch Wasserstoffantriebe für Fahrzeuge gibt es schon lange. BMW hat bereits vor Jahren in Testversuchen in herkömmlichen Verbrennungsmotoren Wasserstoff verbrannt und auf einer IAA (Internationale Automobil-Ausstellung) angekündigt, 2022 mit einem Brennstoffzellenauto antreten zu wollen. Toyota ist schon weiter, den »Mirai« gibt es bereits seit 2015. Noch ist die Technik teuer und für den Käufer wenig attraktiv. Aber waren das die ersten E-Autos nicht auch? Der Wirkungsgrad von Wasserstofffahrzeugen wird derzeit mit etwa 30 bis 35 Prozent angegeben. Bei einem modernen Diesel- oder Benzinmotor liegt er bei 35 bis 43 Prozent. Das ist zwar besser – aber so weit liegt man nicht auseinander. Anders sieht es bei E-Autos aus. Elektroautos kommen auf einen Wirkungsgrad von 70 bis 80 Prozent. Es geht hier aber nicht um die Frage entweder/oder, sondern vielmehr darum, wie man den Energiebedarf durch verschiedene Technologien sinnvoll ergänzen kann. Das Argument, dass es für die Fahrzeugflotte keine Wasserstofftankstellen gibt, ist zwar richtig – aber müßig. Führten und führen wir diese Diskussion nicht auch bei Elektroladestationen? Oder haben wir sie nicht damals bei den herkömmlichen Tankstellen geführt? Es stimmt ja: nachgerüstet werden muss – keine Frage.

Dafür muss die Politik die Rahmenbedingungen schaffen. Es stellt sich derzeit überhaupt nicht die Frage, ob E-Mobilität oder Brennstoffzelle, ob Wasserstoffspeicher oder Batteriespeicher – wie bei der gesamten Energiewende wird ein Mix aus verschiedenen Lösungsansätzen gefordert sein. Wir müssen uns von alten Gewohnheiten lösen und Innovationen Raum geben. Die Wasserstoffherstellung und der Einsatz von Wasserstoff sind nichts Neues. Man muss die Technik und die Infrastruktur nur weiterentwickeln.

Dies wird umso schneller gelingen, wenn wir nicht den Fehler machen, wegen der durch die Coronakrise verursachten wirtschaftlichen Folgen den Gedanken der Nachhaltigkeit und des dringend notwendigen Klimaschutzes hintanzustellen. Im Gegenteil.

DIE POST-CORONA-KONJUNKTUR-PROGRAMME IN DEUTSCHLAND UND EUROPA MÜSSEN DAZU DIENEN, DER WIRTSCHAFT EINE NEUAUSRICHTUNG ZU ERMÖGLICHEN UND ZUKUNFTSWEISENDEN TECHNOLOGIEN DEN BENÖTIGTEN ANSCHUB ZU GEBEN

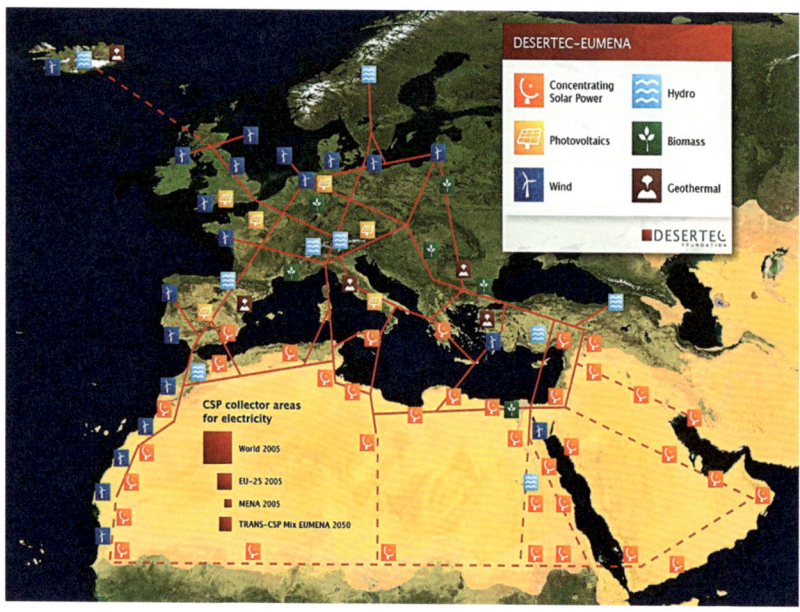

_____ Das Desertec-Projekt war seiner Zeit wahrscheinlich voraus.
Heute gewinnt die verloren geglaubte Idee neue Aktualität.

_____ Ein Containerriese nähert sich dem Zielhafen. Die Schiffe werden immer
noch mit Schweröl betrieben, das zu erheblichen, schädlichen Emissionen
führt. Alternativen Antrieben gehört die Zukunft – auch im Seetransport.

Innovative Firmen arbeiten schon länger an tragfähigen Lösungen wie diesem segelnden Autofrachter. Immerhin knapp 130 Meter lang, trägt er 4.800 m² Segelfläche und soll mit 12–15 Knoten übers Meer fahren. Reichweite: unendlich.

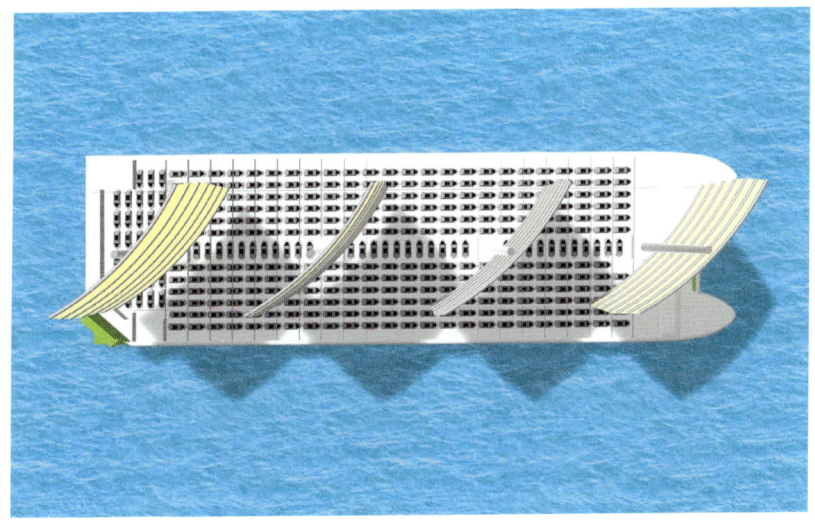

Ca. 1.000 Autos könnte dieser Transporter laden, den das Hamburger Ingenieurbüro TECHNLOG services GmbH und das Peenemünder Büro Detlev Löll designten. Als Alternative zum Wind ist ein E-Antrieb vorgesehen.

»Wer sich seiner Vergangenheit nicht
erinnert, ist dazu verurteilt, sie zu
wiederholen.«

Jorge Santanyana, spanischer Philosoph, Schriftsteller und
Literaturkritiker; führender Vertreter des Kritischen Realismus

~~~~

16

_ EINIGE GEDANKEN ZUM SCHLUSS

Was lernen wir von COVID-19, welche Schlüsse ziehen wir daraus? Wir sind nicht so unverwundbar, wie wir glauben. Schnelles und entschlossenes Handeln wie in der Pandemie ist zielführend – und nicht ein jahrzehntelanges Taktieren und Ignorieren von wissenschaftlichen Fakten wie beim Klimawandel

___ Ende einer Dienstfahrt. Nach einer weiteren Expedition in die Arktis erreichen wir den Hamburger Hafen.

Als ich anfing, die ersten Gedanken zu diesem Buch zu sammeln und in Worte zu kleiden, gab es Corona noch nicht, zumindest noch nicht in Europa. Dann überschlugen sich die Ereignisse. Wer erinnert sich nicht daran? Zunächst der erste Fall eines Mitarbeiters eines bayerischen Unternehmens, dann die Faschingsparty in Heinsberg und schließlich die Skiferien mit Ischgl als Virenschleuder. Mit einem Mal war Corona bundesweit vertreten. Ganz klar, dass die Pandemie auch mich beim Schreiben dieses Buches beeinflusst hat. Ohne es zu ahnen, waren wir plötzlich in einem Lockdown gefangen, Home-Office und Quarantäne wurden zum Regelfall. Innerhalb weniger Tage ist die Welt eine andere geworden. Die Pandemie hat keinen Bereich des sozialen, kulturellen und beruflichen Lebens ungeschoren gelassen. Von den Erkrankten einmal ganz zu schweigen. Wir alle sind ohne Ausnahme auf die eine oder andere Art und Weise davon betroffen. Neben den zahlreichen Einschränkungen, die jeder von uns durchlebt hat, ist bei mir persönlich unter anderem eine komplette Vortragstournee weggebrochen. Eine anstehende Werftzeit für unseren Expeditionssegler DAGMAR AAEN in Dänemark gestaltete sich zum Hindernislauf, weil die sonst durchlässige dänische Grenze plötzlich gesperrt war. Selbst Sondergenehmigungen führten nicht immer zum erwünschten Grenzübertritt. Vereinsamte Strände, ausbleibende Tages- und Feriengäste an den Badeorten, geschlossene Restaurants und Cafés, nichts ging mehr. Schulen und Kitas öffnen mittlerweile zwar langsam und vorsichtig wieder ihre Pforten, aber vom Normalbetrieb sind sie noch weit entfernt. Friseure dürfen ihre Salons öffnen – unter entsprechenden Hygieneauflagen versteht sich. Selbiges gilt für Restaurants, den Einzelhandel, Fitnessstudios. Reisebeschränkungen werden peu à peu wieder aufgehoben, Grenzen geöffnet. Aber von Normalität sind wir immer noch weit entfernt.

Wer hätte sich vor COVID-19 vorstellen können, dass Hamburger Bürger an der Grenze zu Schleswig-Holstein als Touristen abgewiesen und zurückgeschickt werden? Vieles hat sich mit der Pandemie verändert. Dazu zählt das veränderte Einkaufsverhalten der Menschen. Während der Onlinehandel boomt, bricht dem Einzelhändler das Geschäft weg. In Supermärkten geistern die Menschen mit Atemschutz leidenschaftslos durch die Gänge. Man geht einkaufen, aber nicht shoppen. Die Kreditkarte ist auch für kleine Beträge salonfähig geworden, und Mund-Nasen-Schutzmasken werden inzwischen wie modische Accessoires gehandelt.

Unternehmen, von denen man nie gedacht hätte, dass sie in wirtschaftliche Turbulenzen geraten könnten, stehen kurz vor der Insolvenz. Der ehemals grundsolide und wirtschaftlich gesunde Luftfahrtkonzern Lufthansa hat zähneknirschend dem Rettungspaket der Bundesregierung und den damit verbundenen Auflagen zugestimmt und seine Bereitschaft erklärt, einige exklusive Start- und Landerechte für innerdeutsche Flüge an die Konkurrenz abzutreten, um dringend benötigte finanzielle staatliche Hilfen zu erhalten. Ein unglaublicher Vorgang. Die »weiße« Flotte – die Kreuzfahrtbranche – liegt komplett brach, und keiner weiß, wann die Gäste wiederkommen. Die Autolobby fordert Abwrackprämien bzw. Kaufanreize nicht nur für Elektro- oder Hybridfahrzeuge, sondern auch für konventionelle Verbrennungsmotoren. Zahlreiche Landwirte hoffen darauf, dass Düngemittelverordnungen zurückgenommen werden und insgesamt die ungeliebte ökologische Agrarwende revidiert wird. Das wäre eine Rolle rückwärts beim Klima- und Artenschutz. Der »Green Deal« der Bundesregierung gerät in Gefahr. Gleichwohl werden weiterhin Dividenden an die Aktionäre der Konzerne in vollem

Umfang ausgezahlt – ein Umstand, der in einem Land wie Dänemark sofort dazu führen würde, dass sämtliche öffentliche Mittel zur Sanierung eines Unternehmens eingestellt würden. Andere Länder halten es ähnlich wie Dänemark. In Deutschland hingegen partizipiert man gern an den Erfolgen eines Unternehmens, ist aber nicht bereit, die Risiken mitzutragen. Die Politik setzt entschlossen Milliardenbeträge frei, um der strauchelnden Wirtschaft mittels dringend benötigter Finanzspritzen wieder auf die Beine zu helfen. Alles richtig, auch die Zielrichtung der Förderprogramme – aber noch richtiger wäre es, bei all dem den Klimaschutz nicht außer Acht zu lassen.

Dennoch: In einigen Köpfen brodelt es von bizarren Verschwörungstheorien. Verdiente Virologen werden mit den furchtbaren Schergen des Naziregimes auf eine Stufe gestellt, Impfgegner fabulieren, dass mittels Impfung heimlich Mikrochips implantiert werden sollen, um die totale Kontrolle über die Menschen zu erlangen. George Orwell lässt grüßen. Die Welt ist wirklich eine andere geworden.

Auf der anderen Seite stehen die Nachdenklichen. Sie grübeln, wie es nach Corona weitergehen soll. Was lehrt uns diese Pandemie? Sind wir willens und in der Lage, Lehren daraus zu ziehen? Oder verfallen wir wieder in unsere alten Verhaltensmuster? Irgendwann wird wieder so etwas wie Normalität einkehren, aber was verstehen wir darunter? Was passiert mit den ehrgeizigen Klimaschutzzielen? Schon werden Stimmen laut, dass zunächst die Wirtschaft saniert werden muss und sich erst dann erneut ums Klima gekümmert werden kann.

Auch um Fridays for Future (FFF) ist es stiller geworden. Wen wundert es, wo doch Menschenansammlungen verboten oder zumindest streng reguliert sind und die Menschen verständlicherweise mit dem alles bestimmenden Thema Corona beschäftigt sind. Aber FFF lebt! Bei den Aktivisten steckt sicher auch die Einsicht dahinter, dass zurzeit leisere Töne angebracht sind. In der Sache ändert das hingegen nichts. Eine Lehre, die wir aus der Pandemie ziehen sollten, ist die, dass es jederzeit wieder passieren kann. Diese Aussage hat nichts mit dem Schüren von

Ängsten zu tun. Aber es ist ein Fakt, dass wir einfach nicht so unverwundbar sind, wie wir glauben oder gern sein würden. Der Flow hat einen Knacks bekommen. Die Natur hat wie immer ein maßgebliches Wörtchen mitzureden. Die exponentiell wachsende Weltbevölkerung wird das Ansteckungsrisiko mit Viruserkrankungen erhöhen. Schenkt man den Virologen und Medizinern Glauben, wird nach COVID-19 irgendwann ein anderes Virus in den Startlöchern stehen. Eines hat uns Corona ganz sicher gelehrt: Wir können schnell und unbürokratisch auf sich anbahnende Katastrophen reagieren, wenn wir die Notwendigkeit dazu erkennen bzw. unmittelbarer Gefahr ausgesetzt sind. Die unaufgeregte Art, mit der die politisch Verantwortlichen in Deutschland auf Corona reagiert haben, ist von der Bevölkerung insgesamt weitgehend wohlmeinend und als richtig aufgenommen worden. Es geht also. Es werden innerhalb kürzester Zeit größere Opfer gebracht, als selbst Optimisten beim Thema Klimawandel zu hoffen gewagt hätten. Warum misst man dem Thema Erderwärmung nicht eine ähnliche Relevanz zu wie COVID-19? Gesellschaften können komplexe Probleme lösen, auch wenn dazu harte Schritte erforderlich sein mögen; das hat sich in den letzten Wochen und Monaten gezeigt. Warum also nicht auch Umweltprobleme lösen? Es muss endlich verstanden werden, dass eine verschmutzte und missbrauchte Natur uns den Boden unter den Füßen entzieht und unmittelbare Auswirkungen auf unser physisches wie psychisches Wohlbefinden hat.

In dem bereits erwähnten legendären Buch *Die Grenzen des Wachstums* warnte der Club of Rome bereits 1972 vor einem Ausbluten des Planeten. Blickt man jetzt nach Brasilien, wo der aktuelle Staatspräsident Bolsonaro nicht nur COVID-19 mehr schlecht als recht zu kaschieren versucht, sondern die scheinbare Gunst der Stunde nutzt, um noch größere Flächen an Regenwald zu roden und den Goldgräbern Pfade in den Dschungel eröffnet – und den damit einhergehenden Genozid an der indigenen Bevölkerung zumindest in Kauf nimmt –, dann kann man nur konstatieren, dass ein solches Handeln von Eigennutz, Gedankenlosigkeit und einem völligen Mangel an Gewissen und

— WIR SOLLTEN LERNEN, DASS EIN VERDRÄNGUNGSKAMPF GEGEN DIE NATUR UNSER ALLER UNTERGANG BEDEUTET. NUR IM UMSICHTIGEN UND NACHHALTIGEN UMGANG MIT DER NATUR SIND WIR ZUKUNFTSFÄHIG

Verantwortungsbewusstsein geprägt ist. Corona sollte uns lehren, nicht darin fortzufahren, einen Verdrängungskampf gegen die Natur zu führen. Deshalb dürfen wir auch währenddessen und in Zukunft nicht damit aufhören, Klima- und Artenschutzkonzepte umzusetzen. Wir müssen sie vielmehr entschlossen weiterentwickeln. Zusammenhänge in der Natur sind komplex. Überbevölkerung, ungebremster Ressourcenverbrauch, Vermüllung des Planeten, die totale Verarmung kompletter Bevölkerungsschichten infolge der Verödung ganzer Landstriche kann nicht ohne Folgen bleiben. Corona ist gewissermaßen »on top« hinzugekommen – etwas, auf das wir völlig unvorbereitet waren und das uns zeigt, wie verletzbar wir sind. Der Zukunftsforscher Matthias Horx schreibt: »Während die Finanzkrise 2008 nur das Geldsystem und (teilweise) die Wirtschaft betraf, der 9/11-Terror das politisch-globale System veränderte, die Flüchtlingskrise eher die politische und mediale Ebene betraf, wirkt die Coronakrise in alle Dimensionen unserer Existenz hinein. Wir nennen sie deshalb eine Tiefenkrise. Tiefenkrisen setzen Veränderungen in den tieferen Schichten des Gesellschaftlichen und Mentalen frei.«[36]

Die Welle, auf der wir surfen, ist plötzlich in sich zusammengebrochen. Wir schwimmen in einer aufgewühlten See, lecken unsere Wunden und schütteln uns, um bei günstigeren Bedingungen wieder auf das Board zu steigen und auf einer neuen Welle unseren Ritt fortzusetzen – als sei nichts gewesen. Das ist das Prinzip Hoffnung. Aber dieses Prinzip wird sich auf Dauer nicht erfüllen.

Ökologisches Bewusstsein darf nicht als Luxusgut verstanden werden. Es schärft vielmehr das Verständnis für Naturabläufe. Wenn wir fortfahren, Naturräume zu vergewaltigen und alles gedankenlos zu konsumieren, was uns gerade in den Sinn kommt, werden diese Störungen der Ökosysteme nicht ohne Folgen bleiben. COVID-19 hat sich nach Ansicht chinesischer Wissenschaftler offenbar von Wildtieren auf den Menschen übertragen. Auch darüber sollten wir nachdenken.

Die Welle, auf der wir surfen, wird irgendwann erneut in sich zusammenbrechen – das nächste Mal vielleicht mit noch fataleren Folgen. Deshalb müssen wir die Zeichen der Zeit erkennen und entsprechende Weichenstellungen treffen. Gerade und insbesondere beim Klima- und Artenschutz. Das Motto des Gipfels von Rio de Janeiro gilt mehr denn je:

THE FUTURE WE WANT – DIE ZUKUNFT, DIE WIR WOLLEN!

___ Es gibt keine zwei gleichen Eisberge. Jeder stellt ein Unikat dar.

Die Silhouette der DAGMAR AAEN zeichnet sich vor dem gefrierenden Meer in der Nordwestpassage ab. Der Beginn eines langen und eisigen Winters, wie wir uns noch viele wünschen.

Extremsituationen erfolgreich nutzen

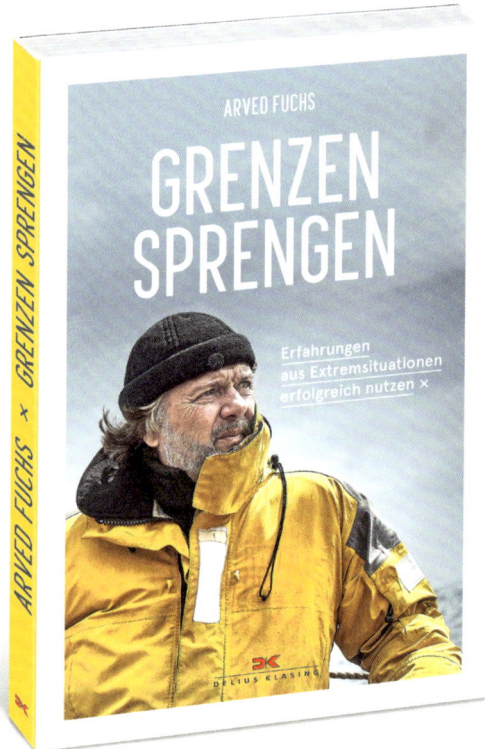

Arved Fuchs
Grenzen sprengen
Erfahrungen aus
Extremsituationen nutzen
ISBN 978-3-667-11285-9

Zwischen einem erfolgreichen Manager und einem Extremsituationen liebenden Abenteurer liegen Welten – meint man. Dass beide viel gemeinsam haben, wenn es darum geht, Entscheidungen zu treffen und die bevorstehenden Etappen zu planen, beweist Polarforscher und Extremsegler Arved Fuchs.

Arved Fuchs erzählt von eigenen Projekten und überträgt seinen Erfahrungsschatz nach-vollziehbar und verständlich auf den Alltag jedes Projektmanagers. Unterlegt mit zahl-reichen Bildern zeigt er, wie Teambildung und Mitarbeitermotivation gelingen, wie man auf Ängste – die eigenen wie die der anderen – flexibel reagiert, wichtige Entscheidungen trifft und die „Expedition" mit guter Planung erfolgreich bis zum Ziel führt.

DELIUS KLASING   www.delius-klasing.de

Gemeinsam stark für unsere Umwelt

**Mut. Wie Greenpeace
die Welt verändert hat**
40 Jahre
Greenpeace Deutschland
ISBN 978-3-667-11974-2

Vierzig Jahre nach der Gründung von Greenpeace werfen wir einen Blick auf die Erfolge und Aktionen der weltbekannten Umweltschutzorganisation. Die Kapitel Feuer, Wasser, Luft und Erde widmen sich Greenpeace-Projekten rund um den Klimawandel, den Schutz der Meere, die Gefahren von CO2, die Folgen der Massentierhaltung und vieles mehr. Was haben die Aktivistinnen und Aktivisten in vierzig Jahren erreicht und welche neuen Aktionen stehen jetzt an?

Ein starkes Plädoyer für die Notwendigkeit von Umweltschutz und gemeinsamer Verantwortung!

DELIUS KLASING   www.delius-klasing.de

„Skolstrejk för klimatet"

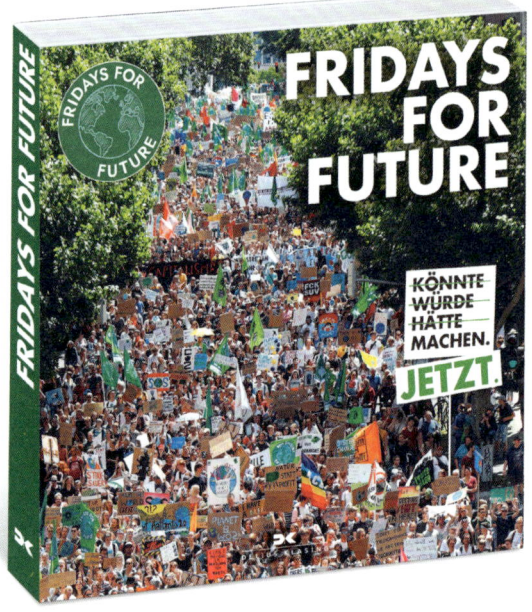

Fridays for Future
(Könnte - Würde - Hätte)
Machen. Jetzt.
ISBN 978-3-667-11820-2

Ein flammendes Plädoyer, den Klimawandel zu stoppen: Die einzigartige Sammlung dieses Buches, das in Zusammenarbeit mit den Fridays for Future-Aktivistinnen und -Aktivisten entstand, führt die emotionale und politische Tragweite der Bewegung vor Augen.

Neben den emotionalen Klimaplakaten kommen Klimaforscher und Experten zu Wort und erklären die Hintergründe und Fakten zum Klimawandel. Mit dabei ist auch ein Beitrag von Boris Herrmann, der Greta Thunberg unter Segeln zum UN-Klimagipfel nach New York brachte. Ein hochemotionales Plädoyer für den Klimaschutz und die Rettung unserer Erde!

QUELLENANGABEN

1   Intergovernmental Panel on Climate Change
2   *Hamburger Abendblatt*, 18.06.2020
3   Wikipedia
4   Deutschlandfunk Kultur, 20.02.2020
5   Ministerium für Energiewende, Landwirtschaft, Umwelt, Natur und Digitalisierung, 25.09.2019
6   Ministerium für Energiewende, Landwirtschaft, Umwelt, Natur und Digitalisierung, 25.09.2019
7   Wikipedia
8   *Spiegel Wissenschaft*, 15.01.2020
9   MC KINSEY Pressemitteilung, 24.03.2020
10   Umweltbundesamt
11   O.I.E. World Organization for Animal Health, Editorial 2019
12   Atlantic Rallye for Cruisers, eine 2.800 Seemeilen lange Jedermann-Regatta des World Cruising Club von Las Palmas nach St. Lucia.
13   *ZEIT online*, 14.02.2020
14   ebd. Der Antarktisfaktor beschreibt die globale Auswirkung der Eisschmelze allein in der Antarktis auf den Meeresspiegel.
15   Andrew Shepherd, University of Leeds, UK
16   Wikipedia. Günter Klätte, damaliges Vorstandsmitglied RWE, anlässlich einer Aktionärshauptversammlung.
17   ebd. Klätte äußerte dies vor Baubeginn.
18   ebd.
19   NABU
20   Studie des Michael-Otto-Instuts im NABU
21   *ZEIT online*, 19.03.2013
22   Umweltbundesamt, 2018
23   wikipedia / FOCUS online, 25.09.2019
24   *Stern*, Nr. 45, 30.10.2019
25   *Stern*, s. o.
26   Bundesministerium für Wirtschaft und Energie
27   Wikipedia – Summe incl. der Gesamt-Betriebskosten, Subventionen seitens EU, die erst nach Rechtsstreit geflossen sind.
28   *Handelsblatt*, 2015
29   *Stern*, Nr. 14, März 2020
30   UNEP
31   WWF, Faktenblatt Microplastik, 25.09.2018
32   ebd.
33   Petersberger Klimadialog, 27.04.2020
34   Drucksache 19/18733; Antrag von »Bündnis 90/Die Grünen« im Deutschen Bundestag
35   Bizz energy, 01/2020
36   homepage Matthias Horx, »10 Thesen«, 16.03.2020

Bibliografische Information der Deutschen Nationalbibliothek
Die Deutsche Nationalbibliothek verzeichnet diese Publikation
in der Deutschen Nationalbibliografie; detaillierte bibliografische
Daten sind im Internet über http://dnb.dnb.de abrufbar.

2. Auflage
ISBN 978-3-667-11985-8
© Delius Klasing & Co. KG, Bielefeld

Lektorat: Birgit Radebold
Fotos: Arved Fuchs mit Ausnahme von: S. 4/5: imago80455918h – imago images / Ikon
Images; S. 90 o.: imago images / Everett Collection; S. 93: imago images / ZUMA Press;
S. 109: imago images / Hoffmann; S. 125: – imago images /blickwinkel; S. 149: Paul
McGee / Moment / Getty Images; S. 181: Pixabay; S. 192: imago images / Shotshop;
S. 193: (c) dpa – Report/picture alliance; S. 211: – imago images / Carsten Dammann;
S. 227: imago images / localpic; S. 237: TECHNLOG services GmbH
Einbandgestaltung: Felix Kempf, www.fx68.de
Layout: Jörg Weusthoff, Weusthoff & Reiche Design, Hamburg
Lithografie: Mohn Media, Gütersloh
Druck: gugler* print, Melk/Donau
Printed in Austria 2020

Delius Klasing Verlag, Siekerwall 21, D - 33602 Bielefeld
Tel.: 0521/559-0, Fax: 0521/559-115
E-Mail: info@delius-klasing.de
www.delius-klasing.de

Angaben zum Druck:
Cradle to Cradle™ ist der höchste Standard für Öko-Effektivität. Darunter versteht man das intelligente Produzieren nach dem
Vorbild der Natur. Alle Cradle to Cradle™-Produkte werden so designed, dass sie am Ende Ihres Lebenszyklus wieder in biologische
oder technische Kreisläufe zurückfließen können. Sämtliche Inhaltsstoffe der Cradle to Cradle™-Druckprodukte wurde von
Umweltforschern auf Ihre Umwelt- und Gesundheitsverträglichkeit überprüft und speziell für umfassendes Recycling bzw.
Kompostierung entwickelt. Cradle to Cradle™ ist die höchste Qualitätsstufe im ökologischen Druck und damit sind diese Produkte
auch automatisch klimapositiv gedruckt um einen ganzheitlichen Mehrwert für die Umwelt zu leisten. Mit diesem Buch erhalten Sie
ein für den biologischen Kreislauf optimiertes und für die Gesundheit unbedenkliches Druckprodukt. Alle Inhaltsstoffe der Cradle to
Cradle™ Druckprodukte wurden erstmals in Zusammenarbeit mit wissenschaftlichen Instituten analysiert, ausgewählt und
weiterentwickelt, sodass sie optimal für Mensch und Umwelt sind. Gedruckt wird in Österreich auf Papier aus nachhaltiger
Forstwirtschaft mit speziell konzipierten Pflanzenölfarben, die garantiert frei von Bisphenol A, VOC, CMR und Mineralölen sind
und bei deren Verbrennung kein toxischer Abfall und Dioxin verursacht wird. Dieses Buch ist gut für Sie und für die Umwelt!